U0341712

江西理工大学清江学术文库

喷涂涂层微结构调控及其摩擦学特性

赵运才 何文 著

北 京

冶金工业出版社

2019

内 容 提 要

本书针对喷涂涂层关键使用性能——耐磨性，以及后处理工艺中存在的主要问题，耦合不同图形轨迹激光重熔技术和纳米技术对涂层微结构实施协同调控，建立起重熔工艺—组织结构—摩擦学性能的系统体系，为制备少或无微观缺陷的高性能涂层提供理论支撑和技术指导。

本书共9章，主要内容包括：综述及实验方法，基于 ANSYS 的激光重熔温度场有限元分析，激光重熔层工艺参数优化的界面行为研究，基于响应曲面法的重熔层孔隙率工艺参数优化，纳米 SiC 对 Fe/WC 涂层微观组织结构的改善，纳米 SiC 对 Fe/WC 涂层性能的改善，基于正交试验的激光重熔工艺参数的优化，激光重熔对等离子喷涂 WC/Fe 涂层耐磨性能的改善。

喷涂涂层的调控与机械、材料工程等多学科密切相关。本书可供从事喷涂涂层调控和性能改善研究工作的人员、大专院校摩擦学及表面工程专业的师生以及相关企业研发人员参考。

图书在版编目(CIP)数据

喷涂涂层微结构调控及其摩擦学特性/赵运才，何文著. ——北京：冶金工业出版社，2019.1
ISBN 978-7-5024-8014-1

Ⅰ.①喷…　Ⅱ.①赵…　②何…　Ⅲ.①涂漆—喷涂—研究　Ⅳ.①TQ639.2

中国版本图书馆 CIP 数据核字(2019)第 015737 号

出 版 人　谭学余
地　　　址　北京市东城区嵩祝院北巷 39 号　邮编　100009　电话　(010)64027926
网　　　址　www.cnmip.com.cn　电子信箱　yjcbs@cnmip.com.cn
责任编辑　刘小峰　曾　媛　美术编辑　彭子赫　版式设计　孙跃红
责任校对　李　娜　责任印制　李玉山
ISBN 978-7-5024-8014-1
冶金工业出版社出版发行；各地新华书店经销；三河市双峰印刷装订有限公司印刷
2019 年 1 月第 1 版，2019 年 1 月第 1 次印刷
169mm×239mm；8.25 印张；158 千字；121 页
56.00 元

冶金工业出版社　投稿电话　(010)64027932　投稿信箱　tougao@cnmip.com.cn
冶金工业出版社营销中心　电话　(010)64044283　传真　(010)64027893
冶金工业出版社天猫旗舰店　yjgycbs.tmall.com
(本书如有印装质量问题，本社营销中心负责退换)

前　言

　　热喷涂技术是表面工程中重要的表面技术，已被列入国家 2020 年远景规划中需要大力发展的先进制造技术。近年来，以 WC、Cr_3C_2、TiC 和 TiB_2 等陶瓷作为硬质相，Ni、Co 和 Fe 作为黏结相的热喷涂金属陶瓷涂层在国内外引起广泛关注和研究，广泛应用于航空、航天和大型舰艇等高科技领域以及具有特殊性能的涂层，是一种十分富有应用前景的涂层。

　　随着航空航天、核工业和大型舰艇等高科技领域对涂层性能的不断追求，改变涂层组织或对组织进行适当调节的后处理工艺不成熟是亟待解决的关键问题。本书针对喷涂涂层关键使用性能——耐磨性以及后处理工艺中存在的主要问题，耦合不同图形轨迹激光重熔技术和纳米技术，对涂层微结构实施协同调控，进一步探索高性能涂层制备方法。以快速重熔和凝固理论为基础，建立协同调控涂层的数值模型，通过对涂层重熔和凝固过程分析以及残余应力场的数值模拟，特别是对涂层微观缺陷的形成原因及其影响因素以及纳米 SiC 与重熔工艺参数对涂层组织和性能的协同调控机制的试验研究，获得重熔层的形成机制和微观组织结构的演绎过程、涂层微观缺陷的种类和形成机制及其抑制机制以及涂层摩擦学性能的演变规律，揭示后处理工艺中相关要素与重熔层摩擦学性能的内在关联性，建立起重熔工艺——组织结构——摩擦学性能的系统体系，为制备高性能喷涂涂层提供理论支撑和技术指导。

　　《喷涂涂层微结构调控及其摩擦学特性》一书密切结合等离子喷涂金属陶瓷涂层的关键使用性能——耐磨性，以及激光重熔涂层过程中存在的主要问题开展应用基础性研究，它将推进喷涂金属陶瓷涂层技术的工业化应用的进程，满足航空航天、核工业、大型舰艇和大型矿山冶炼装备等高科技领域对高性能涂层的需要，对国民经济和国防建设具有重要影响。同时本书所涉及的研究内容是再制造工程的重要组成部分，是我国实现可持续发展的需要，也是江西省重点支持和优先发展的绿色制造、节能减排和循环经济的主要内容之一，对挖掘再制造产业潜力、实现可持续发展具有重要的意义。

本书可供从事喷涂涂层调控和性能改善研究工作的人员、大专院校摩擦学及表面工程专业的师生以及相关企业研发人员参考。

作者要特别感谢国家自然科学基金（项目编号：50965008；51565017）、江西省自然科学基金（项目编号：2012BAB206026）、高端轴承摩擦学技术与应用国家地方联合工程实验室开放基金（项目编号：201713）、江西省教育厅科学技术研究资助项目（项目编号：GJJ14424）及作者任职单位江西理工大学清江学术文库出版基金对本书研究、编写和出版的支持。

由于学识所限，加之内容涉及机械、材料工程等多学科，本书难免有疏漏和不妥之处，敬请读者批评指正。

赵运才

2018 年 10 月

目　录

1　绪　　论

1.1　科研背景和意义

在整个机械制造行业中，大多数零部件的失效都是由工件在一些高温、重载荷和极其恶劣工况的条件下工作时表面发生的磨损、腐蚀、压溃和扭曲甚至疲劳断裂所引起的，从表面开始并慢慢地向内部蔓延，逐渐地演变成各类裂纹源痕迹，最后导致断裂促使整个零件报废。这种表面损害对零部件的正常使用非常不利，对企业资源与能源带来不必要的浪费，甚至容易造成事故，触发到人们的生命安全。由此可见，表面性能的好坏是对零部件使用寿命的重要保证。而据统计，因磨损、疲劳断裂、腐蚀而引起报废的零部件占总废弃零部件的 90%。对于零部件工作表面的腐蚀，每一年废弃的铁锈约占整个世界所产钢铁含量的10%，设备损坏约占 30%，由于磨损有 75% 的汽车零部件而报废。因此，人们越来越重视零部件使用寿命的长短，零部件抗腐蚀、抗耐磨能力及表面强度的提高，甚至是减少维修开支。同时，越来越多的新工艺新材料被研制开发，应用于对传统材料的改善和表面处理，以此来适应现代工业快速发展的需求。

随着金属陶瓷复合材料优良高性能的涌现和科学技术的发展，发现等离子热喷涂技术在航空航天、燃气发电、化工、冶金和汽车行业等领域被全面普及应用。但该表面喷涂技术在实际运用中也存在缺陷。由于高温下形成的熔融颗粒处于熔化和飞行状态，增大高温熔融颗粒与基体表面的接触可能性，继而与旁边介质产生化学性反应，从而使喷涂层材料产生氧化行为；同时熔融颗粒的熔化和飞行行为会在涂层表面发生高温熔化颗粒的交叉堆积现象，使得颗粒与颗粒之间的孔隙变得明显。为了解决喷涂层的孔洞和各种裂纹等缺陷，于是激光重熔技术逐渐被涌现。激光重熔技术在曾经的二十几年不断地发展，一贯都是从属于激光熔覆技术处理体系，后期在制备复合涂层方面也有所发展。激光重熔技术不仅消除等离子喷涂技术的多数缺陷，使涂层的致密度得到提高，也能保证涂层界面结合处的冶金结合，改善涂层的综合性能。但是在激光重熔加工的急热和急冷的条件下，热膨胀系数差异巨大的陶瓷硬质相与合金基体难以相容，加之陶瓷材料的高脆性，涂层会不可避免地萌发裂纹甚至脱落；由于陶瓷材料的高黏度，陶瓷相涂层与合金基体之间产生的膨胀气体不易排出，容易导致涂层出现裂纹和孔洞。所以，在激光重熔喷涂金属陶瓷涂层过程中，解决涂层裂纹和脱落问题，仍是急需考虑的。

因此，保证涂层的质量和性能的关键问题是处理好涂层微观缺陷。为了获得性能优良的激光重熔金属陶瓷涂层，应着手研究重熔工艺技术参数对涂层微观缺陷的形成和影响因素、微观形貌组织的演绎过程，从而保证重熔金属陶瓷涂层的质量和性能。从而推进喷涂金属陶瓷涂层技术的工业化应用的进程，满足航空航天、核工业、大型舰艇和大型矿山冶炼装备等高科技领域对高性能涂层的需要，对国民经济和国防建设具有重要影响。

1.2   热喷涂技术

1.2.1   等离子喷涂技术

等离子喷涂是通过高温等离子弧火焰流将预先准备好的粉末材料加热，使其达到熔融状态，然后将其等离子高速喷射在预先经过处理的工件表面上，致使表面形成具有独特性能结构的涂层。图 1-1 所示为等离子喷涂基本原理。首先等离子体是工作气体（Ar、N$_2$）在正极与负极之间形成的电弧中电离出，然后将粉末材料在等离子流中加温到熔融状态，并被高速喷射到基体表面，沉积后形成紧密喷涂层，最后冷却后形成的是大量颗粒堆积成块和不连续的层状结构的喷涂涂层。由于等离子喷涂能保证涂层质量好、较高的结合强度、对基体影响小和较多的涂层种类等优点，所以应用较为广泛。

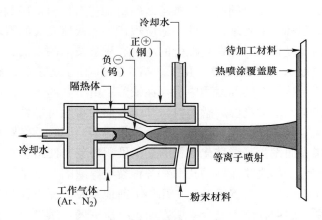

图 1-1   等离子喷涂原理

1.2.2   等离子喷涂的优点和不足

等离子喷涂是当前工业制备金属陶瓷复合涂层常用的技术手段。与工业化历史悠久的化学气相沉淀（CVD）、火焰喷涂和堆焊等表面强化处理技术相比，此类技术在喷涂过程中的优点在于以下几方面：（1）不会使基材热处理特性发生改变，对基材的热影响很小，零件难以发生变形。（2）由于喷涂时温度非常高，能把不同种喷涂材料进行加热，使其处于熔化状态，所以使用材料极其宽松，种类多，能得到各种优质性能的涂层。（3）操作工艺稳定，喷涂质量佳。通常情况下，喷涂层与基体的法向结合强度为40~70MPa，涂层孔隙率为3%~5%，致密度可达90%~98%。（4）制备的涂层宏观平整度好，可以准确掌握喷涂层的薄厚。

虽然等离子喷涂技术具有以上优点，但等离子喷涂在喷涂过程依旧存在很多不足，比如：（1）涂层表现为典型层状结构，容易夹杂孔隙。等离子喷涂使熔融或半熔融状态下的颗粒经过高温焰流的加速后，撞向基体材料，颗粒与颗粒之间相互挤压、堆叠，形成不连续的层状结构。（2）涂层界面结合为机械结合。喷涂颗粒撞向基体后，迅速冷却，无法与基体形成冶金结合，另外，一部分喷涂颗粒由于处于半熔融状态，成分和性能都不稳定。（3）喷涂颗粒在撞击到基体后迅速变形，由此产生的内应力极高，冷却后存在很大的残余应力和较多的裂纹等微观缺陷。这些不足都是等离子喷涂处理工艺本身就有的，因此，喷涂后的涂层不能完全体现复合涂层的优良性能。

1.3 激光表面改性技术

1.3.1 激光重熔技术原理

激光重熔处理技术是在不添加任何金属或非金属化合物的状况下，用激光能先熔化涂层材料再凝固达到表面组织改善目的的一种材料表面改性和表面强化技术。其原理是采用某种工艺手段(如火焰喷涂、电镀等)预先在基材表面上沉积涂层材料(如合金或陶瓷涂层等材料)，利用高能量密度激光束在惰性气体的保护下，对试件预覆层表面进行扫描，然后试件预覆层表面将获取的热量向内部传递，使预置涂层与基体同时温度升高并熔化混合，激光光斑离去后熔化的涂层急速冷却，在基体表层形成冶金结合的熔覆层的过程。图1-2为激光重熔工作过程。

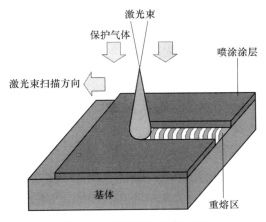

图1-2 激光重熔工作过程

1.3.2 激光重熔工艺特点

激光重熔能够在基体表面上获得涂层与基体界面冶金结合且无或少瑕疵的优质表面层。如图 1-3 所示，喷涂层中的层间裂纹和孔隙经过激光重熔后基本消除，顶端涂层、中间过渡层和基体界面形成冶金结合，其中过渡层与涂层顶端的界面消失。Xie Guozhi 研究了真空退火和激光重熔对钢基体上等离子喷涂 Ni/WC 涂层的组织和腐蚀行为的影响。盐雾腐蚀试验表明，由于重熔涂层的少数缺陷和相组成均匀，激光重熔涂层具有最佳的耐腐蚀性能。如图 1-4 所示，喷涂层经重熔处理后裂纹和气孔等漏洞减少，组织致密性均匀增强，是减小涂层腐蚀度的重要依据。

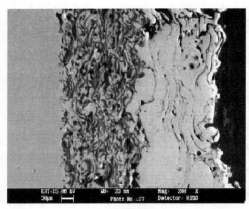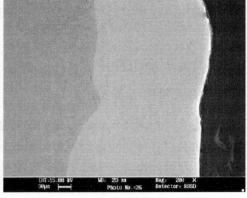

(a) 喷涂层　　　　　　　　　　　　　　(b) 激光重熔层

图 1-3　激光重熔前后断面 SEM 形貌图

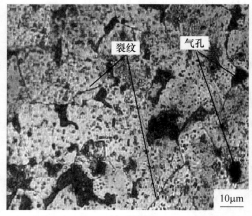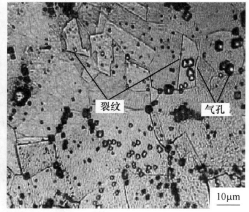

(a) 喷涂层　　　　　　　　　　　　　　(b) 激光重熔层

图 1-4　涂层表面光学显微图

因此，由激光重熔处理工艺制备出的重熔层组织可达到致密性好、均匀度高的要求，并且激光重熔处理后的涂层界面结合处能表现出强度较好的化学冶金结合，进而涂层的各项性能均得到提高。激光重熔技术就是通过控制工艺参数，有效地将金属材料组织细化的工艺技术，将原始涂层表面的片层状结构全部转变为树枝晶结构，得到的金属晶粒组织均匀而细小，该过程也改变了物相组成及显微组织。这很好地解决了喷涂态涂层的气孔、微裂纹等缺陷。另外，激光重熔也包括以下三个特点：

（1）在激光处理后，熔池中的液相将与自身固体基体直接接触；

（2）重熔表层与基体紧密结合有利于热分析模型值与实验值对比的可靠性；

（3）涂层相应的显微组织与局部凝固的冷却速度存在一定的联系。

1.3.3 激光工艺参数对复合涂层质量的影响

对于激光重熔技术而言，其工艺简单且便于操作，对熔池深度能够自由操控。而合理的操作工艺参数可以妨碍过熔基体对涂层的稀释，且保证涂层特有的性能不变，譬如高硬度、高耐腐蚀性和高耐磨性等。在激光重熔过程中主要有四个操作工艺参数影响涂层质量：

（1）扫描速度 v。在保证其他工艺参数不变的情况下，扫描速度 v 过快，容易导致涂层材料无法吸收足够多的能量致使其不能完全熔化而形成流动熔池，涂层与基体表现不出冶金重熔效果；而扫描速度 v 太慢，激光扫描时间就会过长且吸收过多能量，致使凝固速度变慢，晶体粗大，容易使涂层发生过烧，进而增大表面粗糙度。

（2）激光功率 P。随着 P 减小，吸收能量不足致使涂层不能完全被熔化和其表面张力被增大，最终因凝固聚集状态而形成不连续的熔滴；P 增大，容易加深熔池深度，加快金属液体填补气孔，致使涂层气孔逐渐减少或消失，冷却后的涂层裂纹也逐渐减少。然当熔池深度达到一定值时，随着 P 的增大，会使得基材表面温度过高，进而涂层表面过熔、变形和开裂等缺陷被加剧。

（3）光斑尺寸 D。不同类型激光器，光斑形状不同；而不同的光斑形状，其涂层形貌特征和组织性能也有差别。光斑直径 D 过大，其涂层形貌特征表现不均匀，易出现不完全熔合现象；光斑直径 D 太小，则不利于形成大面积涂层，导致重熔效率极差。

（4）搭接率 η。搭接率对重熔后涂层表面的均匀度有直接影响。由于光斑直径 D 相对较小，在实际运行操作中对大面积涂层材料重熔时，需要多道搭接进行表面强化来达到重熔工艺要求。搭接率 η 较小时，可以获得较宽的涂层面积，但涂层表面粗糙度会有所增加，易产生裂纹；搭接率 η 较大时，不仅无法得到较宽涂层面积，涂层横向表面粗糙度也在降低，涂层内部孔隙增加，进而产生裂纹。

由激光工艺参数对金属陶瓷涂层质量的影响能够看出，由于激光重熔的快速加热与冷却，使得熔池内的液体无法保持稳定的状态不可避免地使涂层产生如气孔、裂纹等缺陷，从而影响复合涂层的质量。易产生如下两种质量缺陷：

（1）气孔。等离子喷涂的层状堆叠存在较多的孔隙，这些孔隙中的部分气体在激光重熔时无法及时地扩散到涂层表面，进而在重熔层中形成一个个微孔隙。如果涂层中黏度较高的陶瓷材料，气体膨胀后，气体逸出更加困难，气孔现象更为明显。气孔的产生会危害重熔层质量，而气孔的产生是难以避免的，所以提出如下控制措施。如选择合适的涂层厚度，防止气体在重熔层滞留；为防止涂层被空气氧化，需在激光扫描前将粉末烘干，或者用热处理预置涂层。

（2）裂纹。涂层存在的最主要缺陷的是裂纹。通常情况下，肉眼看到的宏观裂纹位于光斑扫描的垂直方向，且裂纹间呈平行关系；而肉眼看不到的显微裂纹主要出现在晶界处，分布毫无规律。裂纹分布一般包括凝固过程中涂层内部裂纹、界面裂纹和多道搭接结合区与基材的交界处多以微孔引起的裂纹。

裂纹缺陷产生的原因大概有三点：

（1）在激光重熔复合涂层时，涂层的相结构变化使得重熔后的溶液在凝固时产生收缩，进而引起残余应力致使涂层裂纹萌生和涂层脱落。

（2）涂层材料的物理性能（熔点、凝固点、弹性模量等）和热传导性能（热膨胀系数、热导率等）与基体材料的差异性比较大，在激光扫描喷涂层材料的初期时，熔池内的热量会随着热量持续集聚，重熔液态区与固态区会形成一个热度差，较大的热度梯度使得涂层中存在较大的热应力，当热应力超过了涂层材料的承受能力时，就可能造成裂纹的产生和涂层剥落现象。

（3）工艺参数选取不合理，涂层预置方法和保护气体流量控制不当等操作工艺也会容易产生裂纹。

控制裂纹产生的措施：

（1）涂层与基体两种材料的热物理性能尽可能相近，保证涂层的残余应力尽可能小。

（2）尽量减少或消除应力集中，如采用预热处理和后热处理来控制裂纹的产生。

（3）选取合理的工艺参数。如激光功率的大小的选择会影响涂层材料的熔化、凝固速度，也是涂层内部裂纹产生的直接原因。

（4）对涂层进行激光二次重熔处理，能有效地消除裂纹。

（5）在涂层中添加增强相，使涂层中裂纹的扩展受到阻碍，提高涂层的结构和性能。

1.4 激光重熔层微观缺陷的国内外研究现状

1.4.1 激光重熔层微观缺陷产生的研究现状

尽管激光重熔技术具备多项优点，但其自身快速加热与快速冷却的特点使得重熔材料表面极易形成裂纹。

马咸尧等研究表明激光重熔处理能显著提高等离子涂层与基体之间的结合程度，但涂层重熔后仍有裂缝；等离子喷涂时熔融陶瓷颗粒与基体发生撞击，形成松散的片状结构涂层，重熔后该涂层变成致密的树状结构，然而由于涂层和基体之间存在着杂质等缺陷，严重时容易涌现裂纹状涂层。

Fu Yongqing 发现激光处理后 ZrO_2 陶瓷涂层的孔隙率和粗糙度明显降低，重熔过程明显增加了结合强度，然而，在激光处理的涂层中存在广泛的网络裂纹以及一些大气泡；无润滑销钉磨损试验表明，与喷涂陶瓷涂层相比，激光处理后耐磨性显著提高，激光试样的耐磨性随着功率增加而增加；喷涂涂层的主要磨损机制是涂层散裂，而激光重熔试样的磨损主要是犁削和刨削。

Yu J 等通过大气等离子喷涂在 316L 不锈钢上沉积纳米结构 Al_2O_3-20wt.% ZrO_2 涂层，并且使用连续 CO_2 激光器进行激光重熔测试。发现激光重熔后可消除涂层中微观结构的不均匀性如孔隙、空隙和层状结构，当激光功率保持不变时，随着扫描速率的增加，表面孔隙的数量减少，而表面裂纹的数量趋于增加；激光处理可以大大提高纳米结构涂层的表面粗糙度、耐磨性、显微硬度、弹性模量和断裂韧性。

林晓燕等研究了激光重熔处理后等离子喷涂 Ni-WC 陶瓷涂层的组织结构和硬度变化特征。结果表明：等离子喷涂层经激光重熔后其组织发生了很大的变化，同时可观察到激光重熔后涂层表面存在裂纹，分析原因可能是因为涂层受热和冷却时不均匀所造成的。

Zhang X C 等通过使用高效等离子体喷涂系统来沉积 Ni-Cr-B-Si 涂层，并通过使用 CO_2 激光器以连续模式再熔化，进行了 13 次滚动接触测试。实验结果表明，剥落是滚动接触重熔涂层的主要失效模式，在形成碎裂之前，表面已经产生主裂纹和环形裂纹，但只有主裂纹可能不会直接导致剥落的形成。环形裂纹和次表面分枝裂纹的连接是直接负责涂层脱落的形成。

Li C G 等提出了一种激光重熔 Al_2O_3-TiO_2 涂层的详细微观结构的研究，采用等离子喷涂和激光重熔复合工艺，在钛合金上制备 Al_2O_3-TiO_2 涂层。发现等离子喷涂后原料中 α-Al_2O_3 转化为 γ-Al_2O_3，经激光重熔后完全转变为稳定 α-Al_2O_3 相，这种相结构的变化容易引起固溶体收缩，热应力不平衡的现象致使涂层脱落和剥离等缺陷。

钱建刚等在镁合金表面通过等离子喷涂技术和激光重熔技术制备了 Al 涂层，

发现涂层经激光重熔后，结合强度有明显提高，物相不变，然而有较多的孔洞，由等离子喷涂时的 4.6% 增大到激光重熔后的 7.5%。

1.4.2　激光重熔层微观缺陷消除的研究现状

激光重熔层中仍不可避免地产生裂纹、气孔、夹杂等微观缺陷，工业化的应用中涂层开裂问题是首要解决的难题，为了保证涂层的质量，需要采用一定的措施控制涂层中缺陷的出现。因此，整理了如下国内外针对降低涂层缺陷的措施。

1.4.2.1　从激光重熔技术应用角度

Li Chonggui 等利用等离子喷涂的纳米结构 Al_2O_3-13wt. % TiO_2 涂层成功沉积在 AZ91D 镁合金基底上，并且随后通过 CO_2 激光器再熔化。发现重熔处理后的涂层在减少裂纹并且保证涂层表面平整、减少缺陷等方面是行之有效的，因此喷涂涂层中的孔隙和薄片结构已被有效地消除，并且在激光重熔之后获得更紧凑和均匀的微观结构。

Ma Qunshuang 等在 Q550 钢基体上，通过光纤激光重熔对 Ni60 + 50wt. % WC 熔覆层进行了处理。研究表明：残余 WC 颗粒的积累在激光重熔的作用下被充分消除，裂纹减少且熔覆层表面光滑，重熔区域的显微硬度相比激光熔覆时的显微硬度（$HV_{0.1}950 \sim 1000$）减少了 $HV_{0.1}50$，同时实现了碳化物的同化作用，改善了涂层的致密性。

Wu Y N 等对两种等离子喷涂涂层（NiCrAlY 和 NiCrAlY-Al_2O_3）进行了激光重熔实验，发现喷涂层经过激光重熔后形成没有空隙、未熔化颗粒和微裂纹的均匀致密重熔层。Guo Huafeng 等采用空气等离子喷涂工艺在 Ti6Al4V 钛合金基体上制备了 Ni 基 WC 涂层，再用 CO_2 激光器进行了重熔。发现重熔涂层具有更均匀的微观结构和更低的孔隙率，并与基材结合良好，消除了喷涂涂层的层状结构和微裂纹；孔隙率从喷涂涂层的 9.7% 下降到重熔层的 1.3%；涂层中的针状树突从 WC 的溶解表面向外生长，而大量的析出物出现在 WC 颗粒周围和远离 WC 颗粒；重熔涂层的显微硬度提高到 $HV_{0.3}884.7 \sim 1363.3$，远远高于喷涂涂层，比基体高近 3 倍。在相同的载荷下，基体的磨损体积比激光重熔涂层高约 13 倍，比喷涂层高 5 倍。

Wang You 等在 Ti6Al4V 合金上制备了等离子喷涂纳米结构 Al_2O_3-13wt. % TiO_2 涂层，喷涂后的涂层通过 CO_2 激光器重新熔化，发现重熔层具有更密集和更均匀的结构以及与基材的良好冶金结合，其显微硬度提高到 $HV_{0.3}1200 \sim 1800$ 远高于喷涂 Al_2O_3-13wt. % TiO_2 涂层。

Yan Baoxu 等利用光纤激光器对 S355 钢上的电弧喷涂 Al 涂层进行了重熔，发现经过重熔处理后，电弧喷涂 Al 涂层的孔隙和裂纹被消除，Al 涂层与基体之间的结合强度被增强。

J. Iwaszko 通过等离子喷涂在钢表面上沉积 $Al_2O_3 + 13wt.\%TiO_2$ 涂层，再用激光器重新熔化。发现重熔涂层的显微结构变化显著如孔隙率降低，化学组成均化，表面光滑和结构分散增加，进一步证明通过重熔改善的涂层具有增强的机械性能。

1.4.2.2 从优化工艺参数的角度

对于激光重熔涂层质量的好坏，其操作工艺参数和环境等因素占很大比例，尤其是工艺参数，而激光重熔工艺参数的选择在某种意义上说决定了重熔层的组织结构和性能，甚至是涂层的寿命。因此通过对工艺参数的优化，能够消除或降低喷涂涂层组织结构的缺陷和不足，可获得优质涂层。

Kan Y 等采用连续 CO_2 激光器对渗碳淬火 12Cr2Ni4A 钢进行激光重熔，制备了无痕微细形状硬化层，并对工艺参数进行了优化，结果发现采用 TH-1 材料作为涂层明显改善了原有的显微组织，硬度最高达到 $HV_{0.2}1100$，比激光重熔前提高了很多。

Wang Dongsheng 对等离子喷涂 Ni60/Ni-WC 复合涂层进行激光重熔实验。发现激光重熔消除了层状堆积微观结构和孔隙等喷涂层缺陷，重熔涂层具有更致密的组织；随着激光功率的增加，WC 颗粒的燃烧损失和溶解增加，而涂层的稀释率变大；激光重熔样品的硬度高于喷射样品的硬度；激光功率对涂层的影响很大，优化的工艺参数有助于实现 WC 颗粒的适当熔化，从而使涂层中硬质相保持较高的比例，WC 颗粒与 Ni 基合金的良好结合使涂层具有较高的显微硬度。

Jagadeesh Sure 等研究了两种不同激光重熔功率对 Al_2O_3-40wt.% TiO_2 喷涂涂层组织结构和性能的影响，发现两种激光重熔功率下熔化涂层均能降低涂层不均匀性，主晶相为 β-Al_2TiO_5，并形成网格状裂缝，但重熔功率密度为 $640kW/cm^2$ 时，激光熔化区域形成柱状生长特性，而在 $800kW/cm^2$ 时消除了重熔层柱状生长特性，同时随着激光功率密度增加，由于减少了涂层的微观缺陷，涂层硬度显著增加和表面粗糙度减小。

Cui Chong 等通过高速含氧燃料（HVOF）技术将 Fe 基合金涂层沉积在 Fe360A 基材上，使用正交实验设计方法确定实验参数并使用激光器重新熔化涂层的表面。发现重熔厚度与激光功率密度呈线性关系，当重熔厚度等于或大于喷涂涂层的厚度时，可以避免涂层内的大孔；由于高硬度化合物如 SiO_2 和 Fe_3Si 在激光表面处理后出现，激光表面重熔涂层的显微硬度由平均 $HV_{0.1}600$ 提高到 $HV_{0.1}900$，且自由腐蚀电流密度可从 $25.63\mu A/cm^2$ 降至 $12.99\mu A/cm^2$，提高了铁基合金涂层的耐蚀性。

Chen J L 等采用纤维激光熔覆 NiCrBSi 合金粉末，在 Ti6Al4V 基体表面制备了激光熔覆复合涂层，揭示不同扫描速度下涂层的磨损行为。发现在 5～15mm/s 扫描速度下涂层的稀释率约 64.23%，在 20mm/s 的扫描速度下观察到稀释率降低 37.06%；块状 TiB_2 和细胞枝晶 TiC 颗粒以 5～15mm/s 的扫描速度均匀分散在 $TiNi$-Ti_2Ni 双相金属间化合物基体中；扫描速度为 20mm/s 时，涂层的平均显微硬度（$HV_{0.2}$1026.5）明显高于其他三种涂层（约 $HV_{0.2}$886.4）。在 20mm/s 的扫描速度下获得最低的平均摩擦系数约 0.371，对磨损表面的分析表明，以 20mm/s 的扫描速度制备的涂层处于良好状态，因其具有优异的抗微切割性和脆性脱黏性，在 20mm/s 的扫描速度下的涂层具有优异的综合机械性能。所以，合理选择和优化激光处理工艺参数，能达到获得有益相、并控制有害相的形成，消除涂层中的疏松、孔隙等缺陷，提高涂层的致密度与结合强度，使涂层改性的目的。

1.4.2.3　从加入低熔点陶瓷材料的角度

杨元政等研究了在两种等离子涂层（Al_2O_3 和 ZrO_2）中重熔时加入 SiO_2 的作用，发现在 ZrO_2 涂层加入了 SiO_2，能产生明显的"烧结"效应，既降低了 ZrO_2 熔化层热应力，又阻碍裂纹的扩展；而在 Al_2O_3 陶瓷涂层中"烧结作用"不明显。

刘正义等对 ZrO_2-Y_2O_3 涂层做激光重熔实验，发现重熔时不加 SiO_2 的 ZrO_2-Y_2O_3 涂层表面光滑平整，孔隙减少，但由于激光束的不均匀以及陶瓷层的脆性，使得重熔层萌发出许多新的裂纹；而加入 2.8wt.% SiO_2 时，因 SiO_2 降低了重熔时产生的热应力峰值，因此，在相同工艺条件下所获得的重熔层无孔隙和些许裂纹。

1.4.2.4　从引入特殊工艺条件的角度

超声波的声流和机械两种效应可以使熔池液面产生强烈的扰动，有利于打碎初生枝晶使成核率提高。因此将超声波技术用在重熔熔池凝固的过程中时，是可以改善重熔层的组织，细化组织，减少组织偏聚，减小应力。

卢长亮等通过在激光重熔实验中，引入超声振动修复工艺，发现残余应力会随着超声波功率（在功率 0～45W 内）的增加而适当减少，从而起到改善金属的微观组织，均化成分的积极作用。

陈畅源将熔覆层的显微组织应用于超声振动激光重熔过程实验中，对比研究发现两种情况差异较大，施加超声振动后发现熔覆层长枝晶破碎，拉应力减小和消除，化学成分和熔池中的温度分布均匀，裂纹减少的可能性增大。

1.5　纳米结构涂层的制备方法

1.5.1　热喷涂法制备纳米涂层

热喷涂法制备纳米结构涂层是目前为止最简单的工艺方法之一，等离子喷涂便是热喷涂的一种。热喷涂的工艺十分简单，只需要将用来的喷涂的粉体通过喷枪加热并加速，喷射到基体表面并沉积，就可以获得所需要的涂层，涂层厚度能够轻易控制，喷涂粉末与基体材料的选择范围很广。但是对于颗粒细小、比表面积大的纳米材料来说，直接通过喷枪将其喷涂到基体表面十分困难，而且纳米粒子在高温下容易长大。B. H. Kear 等在 2003 年发明的一项专利解决了这个问题，他提出通过再造粒的方法，即通过三步工序：球研磨混粉-喷雾干燥-高温烧结将纳米级的粉末材料制备成可用来喷涂的微米级团聚体粉末，这些团聚体粉末仍然具备纳米结构，但是却没有了纳米颗粒表面能高和比表面积大的特点了。

Purnendu Das 等通过青铜粉末和 10wt. % 的单晶金刚石颗粒球磨，制备出了微米级粉末原料，然后采用高速氧-燃料热喷涂技术制备出了金刚石增强的纳米结构青铜涂层，并对微观结构、弹性模量、残余应力以及硬度进行表征，发现在拉曼成像下热喷涂之后纳米级单晶金刚石被保留在了涂层中，金刚石增强了涂层的显微硬度和弹性模量。从微观力学方法获得涂层的弹性模量的估计和 Halpin-Tsai 模型。理论预测的弹性模量基本上高于测量值。这是因为涂层中的不均匀结构和部分金刚石的退化。

Krai Kulpetchdara 等研究了纳米羟基磷灰石（HA）粉末对热喷涂 HA 涂层的微观结构和性能的影响，通过高速火焰喷涂将纳米 HA 粉末沉积到不锈钢基材上。通过评估纳米 HA 粉末对结晶的影响，并进行维氏硬度测试和在模拟体液（SBF）中浸泡分别研究涂层的硬度和生物活性的力学性能。结果表明，HA 涂层是无定形相和结晶相的混合物，维氏硬度值可以达到 $2.15 \pm 0.08\text{GPa}$，而且通过 14 天的 SBF 溶液腐蚀，在试样上形成一层磷灰石层。

Wang Y 等通过制作粒度分别为亚微米级和纳米级的两种团聚体粉末，并采用等离子喷涂的方法在氧化锆基的基体上制备出具有纳米结构的热障涂层（TBC），再进行热冲击实验，结果表明，随着热量和循环次数增加，纳米涂层中的微裂纹密度增加，孔隙率降低。尤其是由于再结晶区与未熔化的纳米颗粒之间的界面连接起来，纳米涂层中未熔化纳米颗粒的含量从 13% 降低到 7%，在高温的热作用下，造成纳米粒子的尺寸得到生长。未熔化的纳米颗粒的弱键和较高的收缩率导致平行粗糙裂纹的形成，这些裂纹沿着再结晶区/未熔化的纳米颗粒界面延伸，最终导致纳米涂层在热循环测试期间的过早失效。

1.5.2 激光表面熔覆法制备纳米涂层

激光表面熔覆通过利用高能量密度的激光束作用到材料表面，将其中被照射到的地方熔化形成熔池，在高温的作用下发生物理和化学反应，能够极大的改善涂层的性能。激光熔覆主要有两种方法：一种是在激光熔覆的过程中，激光束扫描到将要熔覆的地方之前将粉体通过同步输送装置，连续不断地涂覆于要熔覆的基体上。这种方法操作简单，一步到位，但要求涂覆的材料必须是粉末或者线材。另一种方法是预先将材料预置于基体之上，保证两者没有相对运动，然后再用高能激光照射材料表面，形成熔覆层。这种方法对预置的材料在结构上没有要求，且容易控制预置材料的量。采用第二种方法，通过在基体材料上预先涂覆纳米粉体，再用激光进行扫描，能够获得纳米结构的涂层。

Yan Hua 等通过使用 CO_2 连续激光熔覆设备在中碳钢上制备纳米 Ni 包覆的 h-BN/Ni 基合金（Ni60）自润滑复合涂层。采用高能球磨法将纳米 Ni 包覆在纳米 h-BN 上，以提高激光熔覆过程中 h-BN 与金属基体的相容性，对自润滑复合涂层的组织、相结构和磨损性能进行研究发现，自润滑复合涂层的激光熔覆表现出没有裂缝和孔隙的完好熔覆层。熔覆层中生成了 CrB 和 Ni_3B 硬质相，提高其显微硬度，纳米 Ni 包覆的 h-BN 熔覆层的摩擦系数较熔覆前显著变小。Li Meiyan 等通过利用激光熔覆技术得到了高硬度的 $Ni-WC-CaF_2$ 纳米结构陶瓷涂层，并在熔覆时辅以超声振动，以期获得性能更强的涂层。研究发现激光熔覆过程中辅以超声振动能够降低 WC 颗粒聚集的程度。在涂层与基体的接合界面处粗大的枝晶被一些细晶粒结构所取代。熔覆后晶粒得到了细化，硬质 WC 相的弥散强化和固溶强化的共同作用使得涂层的平均显微硬度增加到 HV1235。另外，有超声振动的熔覆层的磨损质量损失和摩擦系数均低于无超声波振动的涂层。

Yao Jianhua 等通过优化铁、钛铁钒和石墨粉的粒度，成功地获得了微米和亚微米/纳米 TiC-VC 碳化物作为增强相的激光熔覆层。通过比较研究发现，优化合金粉末的粒径，可以使涂层中碳化物平均粒径减小，尺寸分布范围变窄。此外，TiC 和 $VC_{0.88}$ 的微米级复合碳化物转变为亚微米/纳米级单相碳化物 $TiVC_2$。由于形成了钝化膜和碳化物细化，涂层的硬度略有提高，而且耐腐蚀性显著提高。

1.5.3　热化学反应法制备纳米涂层

热化学反应不同于热喷涂和激光熔覆法的主要地方在于，基体与涂层的结合界面处是否发生了化学反应。热化学反应法采用的材料一般为水基的，可以将涂层材料平均涂覆要强化的材料表面，然后再在室温下烘干或者通过高温硬化之后，就可以在基体表面上制备一层自己所需要的具有特定结构和性能的涂层。这种方法的优点是：不需要专门的设备进行操作，成本比较低，而且因为在结合界面处发生了化学反应，所以有一部分能够实现冶金结合，对结合强度的提高有很大作用。缺点是由于涂层没有经过高压冲击，涂层与涂层、涂层与基体没有紧紧地粘合在一起，涂层不够致密。

用这种工艺手段获得纳米结构陶瓷涂层在国内外的研究并不多。李晓等鉴于镁合金无法适应腐蚀性强、磨损严重的环境，采用热化学反应法在合金表面生成一层含有纳米二氧化硅的陶瓷涂层，用来增强涂层的耐磨耐蚀性能。结果表明，二氧化硅的加入能够在涂层中产生 $NaAlSiO_4$、Al_2SiO_5 等新的物相。涂层在醋酸溶液中的腐蚀速度降低，同等条件下的磨损量也比微米涂层的小。吕文涛等则采用纳米氧化铝作为热化学反应法制备纳米陶瓷涂层的增强相，并通过热震实验主要检测了涂层的抗热冲击性能。研究表明，含有纳米氧化铝的涂层性能最好，耐磨性能较基体提高了将近两倍，涂层在经过 30 次的热冲击之后，不含纳米氧化铝的涂层出现了脱落、开裂的现象，而含有纳米氧化铝的涂层仍能保持完好。

1.5.4 热喷涂和激光重熔复合工艺制备纳米涂层

这种工艺方法的原理是：先在基体上用热喷涂法制备常规的喷涂涂层，然后通过预置的方法在已经喷涂好的涂层表面涂覆一定厚底的纳米粉体，或者直接用热喷涂法制备出纳米结构涂层，再通过激光重熔，使纳米颗粒能够充分分散到涂层内部，获得纳米结构涂层。此种工艺手段有别于简单的激光熔覆，激光熔覆不需要提前制备涂层。但是这种方法却能通过两次涂层表面处理，使涂层的各项性能高于简单的激光熔覆。纳米颗粒在激光重熔的时候能够减小涂层凝固收缩应力，弥补了涂层中原有的孔隙和裂纹，使涂层更加致密。缺点是需要进行两次工艺处理，比较复杂，花费的成本和时间较高。

田宗军等先用等离子喷涂技术获得了纳米结构 n-AT13 涂层，再用连续 CO_2 激光器对表面清洗后的涂层采用激光重熔二次处理。通过对比发现，涂层中一部分纳米颗粒发生熔化、团聚，一部分未完全熔化，仍然处于纳米结构。并且涂层与基体也形成了冶金结合。另外，重熔层中的相结构也发生改变，重熔层中稳态相的含量高于亚稳相的含量。沈理达等则采用了不同的方法，以纳米 SiC 作为研究的纳米颗粒增强体，先在 45 钢基体上喷涂一层不含纳米 SiC 的陶瓷涂层，再将纳米 SiC 颗粒粉末均匀涂覆于涂层的上表面，然后采用激光重熔工艺处理。研究发现，纳米 SiC 粉体因为重结晶的作用弥散分布于涂层内部，使晶粒得到细化，涂层的耐磨性能提高了 5 倍。

1.6 纳米材料对涂层性能的改善

1.6.1 纳米材料对涂层组织结构的改善

现在工业生产中常用的纳米材料一般为纳米陶瓷材料，指的是在显微结构中，颗粒的尺寸、晶粒与晶粒相交的界面都处于纳米级，即 $1 \times 10^{-9} \sim 1 \times 10^{-7} m$。由于其晶粒细小，相同体积下晶界数量大幅增加，作为增强相添加到材料中之后，可以增强材料的强度、韧性与超塑性，并且纳米陶瓷材料本身也具有陶瓷材料的导热系数低，热膨胀系数低，硬度高，耐腐蚀性能以及耐磨损性能好等优点。

Luo Hong 等通过热化学反应法制备了 Ni-W-P/Ni-P 纳米 ZrO_2 双相复合涂层，

通过表面形貌的 SEM 图像，能够看出，涂层的表面光滑，仅带有一些球形结点，这说明复合涂层呈现粗大的球状结构。另外，涂层中没有孔隙等微观缺陷，虽然在涂层制备过程中对 ZrO_2 纳米粒子进行超声混合，并且在整个沉积过程中不断搅动以避免纳米粒子聚集沉降到底部，但是，纳米粒子在涂层中依然分布不均匀，存在一些地方的聚集。通过元素的定性和定量分析，证实了涂层中 Ni（主要成分）、P 和 Zr 元素的存在，Ni-P 纳米颗粒和 Ni-W-P 之间的相容性很好，有很好的附着力，基板和涂层之间没有缺陷或裂缝而发生接口。

Zhou Yong 等通过化学反应法在镁硅合金 AZ91D 上制备出纳米 CeO_2 改性的磷酸盐复合涂层，通过 SEM 观察发现，单一的磷酸盐涂层和纳米 CeO_2 改性的磷酸盐复合涂层中都观察到了裂纹，但是随着纳米 CeO_2 的添加，泥浆裂缝的比例和大小都减小。显然，纳米 CeO_2 晶体微观结构的细化显著。另外对改性涂层元素分析表明，Ce 和 O 的原子比约为 1∶2，这说明纳米 CeO_2 颗粒过量聚集在纳米 CeO_2 改性的磷酸盐复合涂层表面而不是在涂层内部。通过 Photoshop 对涂层 SEM 图进行处理发现，单一的磷酸盐涂层的裂纹百分比为 21.47%，涂层孔隙率每平方厘米 4 个点，而纳米 CeO_2 改性的磷酸盐复合涂层表面的裂纹百分比随着纳米 CeO_2 颗粒的添加而减少，涂层孔隙率为 2 或 3 点每平方厘米。

1.6.2　纳米材料对涂层显微硬度的改善

孙琳等通过激光熔覆时分别添加微米级 SiC 颗粒和纳米级 SiC 颗粒获得了微米结构的熔覆层和纳米结构的熔覆层。通过对比发现，SiC 的加入都能够有效地改善涂层的硬度，而且对涂层硬度的改善能力还和 SiC 颗粒的尺寸大小有密切联系。微米结构的熔覆层表面显微硬度比基体高 1.1 倍，而纳米结构的熔覆层表面显微硬度比基体高 1.4 倍。通过物相分析发现，添加微米级 SiC 的涂层中含有的硬质合金相低于添加纳米级 SiC 的涂层，硬质合金相能够增强涂层的硬度。

沈清等在 TC11 合金表面上通过激光熔覆技术获得不同纳米 CeO_2 含量的高温防护涂层，通过显微硬度计对涂层截面、过渡区和热影响区的显微硬度进行测试后发现，从热影响区到涂层表面，显微硬度先缓慢增长，到达熔覆区涂层时，显微硬度迅速增长，随后基本保持不变。而且，在过渡区与熔覆区，添加纳米氧化铈之后显微硬度值明显增大，且波动较小，说明组织分布更加均匀致密。

K. K. Ajay 等通过选择不同浓度的碳化硅颗粒作为增强材料，利用等离子喷涂技术获得微米结构涂层和不同纳米碳化硅含量的纳米结构涂层，并利用划痕实验来间接的反应涂层的硬度。研究表明，在 5N 的负载下，纳米和微米碳化硅复合涂层均出现了划痕变形，但是纳米碳化硅复合涂层的划痕更轻，这是因为，碳化硅本身硬度较高，纳米级的碳化硅附着力更强，在刮擦划痕时不易脱离涂层，使涂层的承重能力得到提高。

1.6.3　纳米材料对涂层耐腐蚀性能的改善

Ma Fuliang 等通过反应磁控管技术成功获得了 CrN 单层和 CrN/AlN 纳米多层涂层，并在人造海水中对 F690 钢、CrN 和 CrN/AlN 纳米多层涂层的摩擦腐蚀行为进行了研究。实验表明，F690 钢、CrN 单层和 CrN/AlN 纳米多层的电势和电流密度的演变在磨损和腐蚀的同时作用下看到相反的趋势，即 F690 钢的磨损损失 ΔV_w 与腐蚀损失 ΔV_c 均大于纳米涂层。三者在腐蚀与磨损协同效应下 ΔV 的比值分别为 64.6%、51.9% 和 57.1%。F690 钢是非被动材料 PVD 涂层是被动材料，纳米多层结构具有良好的"孔密封效应"，腐蚀性溶液难以通过涂层腐蚀基材。

H. Krawiec 等采用电沉积的方法制备了 Co-Mo/TiO$_2$ 复合涂层，然后将涂层置于恒电位控制下的林格溶液中。涂层中含有均匀分布在 Co-Mo 合金基体（微晶尺寸约 2nm）中的 TiO$_2$ 纳米颗粒聚集体，置于林格溶液 23h 之后，Co 在涂层中以 Co^{2+} 离子基化合物（CoO、Co(OH)$_2$ 或 Co-MoO$_4$）的形式被氧化，这个过程只发生在涂层的最外层部分，因此，涂层的整体性能在林格溶液长期老化后不会受到影响。

1.6.4　纳米材料对涂层耐磨性能的改善

Chen Luanxia 等鉴于铝硅合金具有比较差的摩擦学性能并且会受到严重的黏着磨损，于是通过在铝-硅合金上制备纳米 MoS$_2$ 涂层，希望降低其磨损率提升使用寿命。用微铣削处理纳米 MoS$_2$ 涂层的微纹理表面，然后进行阳极氧化和超声波浸渍。销盘摩擦试验揭示了 TAM 的平均摩擦系数相对于没有纹理的试样下降了 22.6%，纳米 MoS$_2$ 在涂层中可以当作润滑剂的作用，降低了涂层的摩擦损失，起到了减摩作用。

Ch. Sateesh Kumar 等为了提高 AISI52100 钢在硬车削中的应用能力，分别获得单层 AlCrN 涂层、多层 AlTiN 涂层和纳米结构 TiAlSiN/TiSiN/TiAlN 复合涂层。单层 AlCrN 涂层和多层 AlTiN 涂层用 CAE 沉积工艺制取，纳米结构 TiAlSiN/TiSiN/TiAlN 复合涂层用 DCRMS 工艺沉积制取。与表面不含涂层的切割刀具相对比，涂层刀具具有更高的加工性能和加工精度。CAE 沉积涂层在表面上具有更高的粗糙度，纳米 TiAlSiN/TiSiN/TiAlN 复合涂层在抗黏性和耐磨性方面表现出更高的优越性。CAE 沉积涂层在切削之后出现了涂层的剥落，而纳米涂层刀具没有出现剥落。

Mi Pengbo 等用高速火焰喷涂制备低分解度的 WC-（纳米 WC-Co）涂层，并测试其在高温条件下的耐磨性能。随着测试温度的提高，涂层摩擦系数逐渐降低，磨损率先降低后增加，磨损率的最小值为 $2.96 \times 10^6 \text{mm}^3/(\text{N} \cdot \text{m})$。纳米

WC-Co 涂层的表面形成的 WO_3/WO_3-$CoWO_4$ 氧化膜会降低摩擦系数和磨损率。但是严重的氧化也会导致涂层硬质相的缺失，降低涂层性能。

1.7　激光重熔有限元模拟的研究现状

在较早的研究历程中，为了使模型简化，常常把如激光处理热影响、传热和熔池流动等数学模型理想化，比如基体厚度大于熔池深度时，一般是将其简化成一维模型也就是文献所说的基体半无限大固体。Gregson 利用一维模型简化了激光处理热影响问题。也有很多科研人员利用半无限大固体表面的高斯热源分布，给出了模型在圆形光斑移动下温度场的变化。而利用年代久远的数学物理模型进行模拟，只能理论表明温度变化对熔池大小和凝固过程有显著效果。随着时代的发展及科研工作的创新和细化，对于建立比较符合实际熔池流动过程的数学物理模型也得到丰富，数值模拟也从平面问题发展到了立体空间问题。文献表明，在激光工艺参数一定时，任意 x 轴的横截面即 xoz 面硬化区的形貌尺寸仍旧保持不变，因此不能通过二维模型下截取熔池某横截面情况来确定三维模型下重熔时生长界面的尺寸大小。Anthony 运用了激光处理的三维传热模型描述了温度变化情况。Gadag 等为模拟凝固行为也提出了三维准稳态数值模型。Chande 等通过考虑材料热物性、相变潜热、热源分布、热损失等因素，求解出了激光加工的三维传热学数学物理模型。这些三维数学物理模型能够很好地应用于焊接、热喷涂和激光重熔等各种热处理数值模拟领域。

目前，在激光重熔领域已经对重熔合金区的组织和性能进行了大量的研究。也曾经有学者通过模拟运算的方法对重熔后合金区的温度、形貌和应力进行模拟计算研究。不仅浪费运算时间和所需的资源，而且其运算结果也不够理想，运算所得的合金区高度与实验值差别很大。然而在激光重熔中温度的变化和应力的分布在重熔层的组织性能中占有很大的比例。因此，数值模拟激光重熔等离子喷涂层的研究成果可为工艺优化提供简便可行的依据，对实际工艺技术的发展和推进有较好的指导作用。冯浩源等利用 ANSYS 软件对 H13 热模具钢表面等离子喷涂 ZrO_2-8% Y_2O_3 涂层进行重熔温度场模拟，为多道搭接激光重熔的试验工艺参数的选择提供了依据，认为合理的选择搭接率对获得稳定的氧化锆热障涂层具有重要意义。Liu J 等采用高斯分布脉冲激光对等离子喷涂 NiCrBSi 涂层进行重熔后处理，并建立了一个预测厚层激光单程重熔的数值模型，研究了熔池的尺寸作为工艺参数的函数，验证了计算结果与相应的实验结果的正确性。

1.8　摩擦磨损理论概述

1.8.1　摩擦的概念及其分类

摩擦是由于两个物体间产生了相对运动或即将产生相对运动时产生的一种力

学现象。摩擦学领域有三大经典定律，经典摩擦定律虽不能适用于所有的摩擦磨损行为，但能反应绝大多数的工况下的摩擦磨损机理和特性，所以得到了广泛的应用。摩擦的分类如表 1-1 所示。

表 1-1 摩擦的分类

分 类 方 法	摩擦的类型	定 义
按摩擦接触面的润滑状况分类	干摩擦	无润滑剂的摩擦
	边界摩擦	两摩擦面间有极薄的边界油膜的摩擦
	流体摩擦	两摩擦面间被具有压力且有足够厚度的油膜隔开的摩擦
按摩擦接触面的运动方式分类	滑动摩擦	两个相互接触的物体间有相对滑动时的摩擦
	滚动摩擦	物体在外力作用下沿着接触面平行滑动时的摩擦
按相互摩擦的材料分类	金属材料的摩擦	摩擦副材料均是金属材料的摩擦
	非金属材料的摩擦	摩擦副材料是高分子材料、陶瓷材料等的摩擦
按摩擦副的运动状态分类	静摩擦	有相对运动的趋势但未滑动时的滑动摩擦
	动摩擦	有相对运动的物体之间的滑动摩擦

1.8.2 材料的磨损及磨损机制

磨损是指两个相互运动中的物体因为物理特性、材质及温度等因素的不同而引起的其表层材料脱落、折裂及损伤的物理现象，磨损是摩擦的必然结果。

磨损是一个错综复杂的过程。所以，目前科学界对其还没有一个确切的定义。磨损现象在工程应用领域中非常普遍，且能造成巨大的经济损失。研究磨损机理和规律及研制高性能的耐磨材料，延长机械零部件的使用寿命是一个具有重大意义的课题，这将对国民经济产生积极作用。

可以按照磨损的机理把磨损划分为 4 种类型：（1）黏着磨损；（2）磨粒磨损；（3）疲劳磨损；（4）腐蚀磨损。表 1-2 为磨损类型的划分及其表面和磨屑特征。

表 1-2 常见的磨损类型及其表面特征

磨损类型	表 面 特 征	磨屑特点
黏着磨损	划痕、擦伤，甚至材料的转移	片状或层状
磨粒磨损	犁沟、划痕	条状、块状
疲劳磨损	裂纹、凹坑	块状、饼状
腐蚀磨损	斑点、氧化膜	脆片或粉末

在实际的工程应用中，一种磨损现象中往往不只存在一种磨损类别，一般都是两种或两种以上的磨损类别的混合型。因此，解决实际磨损问题要根据实际情况找出引起磨损的原因，从而推测磨损类型，不能只依靠理论。

1.8.3   影响摩擦磨损的因素

一般地，实际工况都比较复杂，摩擦系数和磨损率会随各种因素而变化，如滑动速度、载荷、温度等：

（1）滑动速度对摩擦磨损的影响。当物体表面的物化性质保持恒定时，滑动速度基本不会使摩擦系数发生波动。但实际中的物体表面会有一定的粗糙度和各种杂质，这就使得摩擦系数会因为滑动速度的改变而变化。当两个产生滑动摩擦的物体具有弹塑性表面时，摩擦系数与滑动速度是非线性关系。当法向载荷较大时，摩擦系数与滑动速度成正比关系，反之则成反比。这种变化关系可以用以下公式表达：

$$f = (a + bu)e^{-cu} + d \tag{1-1}$$

式中，u 为滑动速度，m/s；a，b，c，d 为常数，由材料的物化性质和法向载荷决定。

（2）载荷对摩擦磨损的影响。当相互摩擦的两个物体具有弹性表面时，法向载荷的大小会影响接触面积的实际大小，并且会影响摩擦系数的波动范围。当载荷达到某一值时，接触面积的大小将不会随载荷再变化，摩擦系数的变化也很小且基本保持稳定，这个载荷值称为临界载荷。

（3）温度对摩擦磨损的影响。摩擦磨损过程中，环境温度的变化会导致物体表面的物化性能和摩擦系数发生变化。实际工况比较复杂，可分如下情况：

1）金属件之间的摩擦状态受环境温度的影响较大，具体表现为温度升高造成摩擦系数降低。

2）环境温度几乎对金属与复合材料间的摩擦没有影响；但当温度升高到一个固定值时，摩擦系数会随温度的升高明显的减小。

3）对于大部分高分子材料间的摩擦，当摩擦温度过高时材料就会熔化。

2 实验材料、设备及方法

2.1 实验材料

2.1.1 基体材料的选择

45 钢是机械制造中广泛应用的中碳优质碳素结构钢，尤其是经调质处理后的零件综合性能优良，大量应用于制造连杆、螺栓、齿轮和轴等。本试验选择 45 钢作为基体材料，并将其加工成圆环状：外径 26mm，内径 20mm，高 10mm。

2.1.2 涂层材料的选择

由于陶瓷和金属的构成材质具有本质上区别，这就必然导致它们无论是在物理性质、化学键型、还是力学性质又或者微观结构等各种性能方面差异很大，主要是因为这两种材质的热膨胀系数差异明显，热应力不平衡致使它们的结合断面处极易产生残余应力。另外，由于陶瓷本身的特性，使熔化后呈现液态状的金属无法相熔于陶瓷，加上陶瓷的易脆性和热传导系数低，在高温状态时极易萌生裂纹缺陷。因此，相比传统的连接法难以做到将它们完美结合，但通过等离子喷涂和激光重熔复合工艺可以将这两种材料融合的性能发挥到更好。

涂层材料选用成都振兴金属粉末有限公司所生产的金属陶瓷复合涂层，该复合涂层主要包括铁基合金粉末（Fe40）和镍基碳化钨合金粉末（Ni60 + 35WC）两种金属粉末，分别按 9∶1 的质量比例进行混合研制，其化学成分分别见表 2-1 和表 2-2。

表 2-1　铁基合金粉末 Fe40 的化学成分　　　　　　　　（%）

成分	Ni	Cr	B	Si	C	Fe
含量	8 ~ 12	15 ~ 20	1.5 ~ 3	1.5 ~ 3	< 0.5	余量
实测值	8.9	16.4	2.1	1.9		

表 2-2　镍基碳化钨合金粉末 Ni60 + 35WC 的化学成分　　　（%）

成分	Ni	Cr	B	Si	C	Fe	WC
含量	余量	15 ~ 20	3.0 ~ 4.5	3.5 ~ 5.5	0.5 ~ 1.1	≤10	35
实测值		17.2	3.1	4.1	0.93	9.3	35

2.1.3　纳米 SiC 粉末

SiC 陶瓷颗粒不管在常温还是高温下都具有别的陶瓷材料不具有的优异性能，常温下它具有强度高、耐氧化、耐磨损、耐腐蚀等优点，高温下具有很好的热稳定性，SiC 陶瓷颗粒处于纳米级时还能够改善其脆性大的缺点，作为增强体颗粒常被用在金属基复合材料的制备中。SiC 没有熔点，在常压下 2900℃时会发生分解（SiC→Si + C）。其基本性质见表 2-3。本实验部分所采用的纳米 SiC 陶瓷颗粒的纯度为 97%，平均粒度为 40nm。

表 2-3　SiC 的基本性质

材料	晶型	密度 /g·cm^{-3}	熔点 /℃	弹性模量 /GPa	热导率 /W·(m·K)$^{-1}$	热膨胀系数 /×10^{-6}K^{-1}	硬度 /MPa
SiC	面心立方	3.21	2300	480	59	4.0	27000

2.2　实验设备及过程

2.2.1　等离子喷涂设备

在喷涂前，首先对 45 钢基体材料表面进行预处理工艺，如用 400 目砂纸打磨基体表面，再用丙酮去除表面油污等杂质。然后用等离子喷涂设备（型号为美国 TAFA 公司的 JP-8000 自动喷涂系统）对 45 钢基体表面进行喷涂制备 Fe 基 Ni/WC 金属陶瓷涂层，涂层厚度为 0.4mm，该设备实物图如图 2-1 所示。喷涂完后使用喷砂并打磨表面毛刺对涂层表面粗化，从而增强涂层与基体的结合力。每两次喷枪扫过试样的时间间隔过大或过小，可能会导致涂层因热应力集中而剥落或开裂，所以需要把握喷扫的时间。喷涂工艺最优参数见表 2-4。

图 2-1　JP-8000 自动喷涂系统

表 2-4 等离子喷涂工艺参数

枪管规格	氧气压力	氧气流量	煤油压力	煤油流量	喷涂距离	送粉速率	送粉气压力	送粉气流量
4in (101.6mm)	210psi (约1.45MPa)	1850scfh (约52.4m³/min)	170psi (约1.17MPa)	5.3gph (约20.1L/h)	350mm	100g /min	50psi (约0.34MPa)	25scfh (约0.71m³/min)

2.2.2 激光重熔设备

实验重熔设备选用东莞市奥信激光有限公司所生产的 AXL-600AW 激光器，该设备实物图如图 2-2 所示。

图 2-2 AXL-600AW 激光器

激光重熔设备 AXL-600AW 激光器（主要包括激光器、电源和冷却器等）规格参数如下：

（1）激光器：1）最大输出功率：600W；2）脉冲宽度：0～20ms；3）脉冲重复频率：150Hz；4）激光波长：1064nm。

（2）电源：1）输入最大电流：600A；2）最大功率：18kV·A；3）开关电流容量：60。

（3）冷却器：1）热交换方式：强制空冷；2）工作环境温度：室温（5～30℃）。

在激光重熔等离子喷涂 Fe 基 Ni/WC 金属陶瓷涂层时，需确保涂层平整光滑致密，尽量防止基体产生不必要的过度熔化，并使其界面结合处表现为优良冶金结合。同时，为了使重熔后的金属陶瓷涂层减少裂纹等缺陷，采用了相对较低的激光功率和能量密度，激光束形状为圆形。重熔过程中以纳米材料 SiC 为填料，氩气为保护气体（保护熔池，以防氧化）。激光重熔工艺参数的选择会在后续章节介绍。

2.3　组织与性能测试

将制备好的试样利用线切割机床切割成 15mm × 10mm × 6mm 的长方体。将小试样的横截面依次用 400 号粗砂纸到 1500 号细砂纸进行打磨，打磨时注意不要来回磨，须沿同一方向磨（防止涂层组织出现划痕）。然后用抛光液进行机械抛光，直到达成光亮镜面效果为止。为便于金相微观组织观察，小试样横截面用 4% 的硝酸酒精进行腐蚀约 5s（腐蚀时间很短，对界面元素分析的影响不大），并将其清洗后风干装袋。

2.3.1　微观组织

采用 MLA650F 型场发射扫描电子显微镜（FESEM）（见图 2-3）对涂层的表面、横截面形貌进行观察分析，并结合自带的能谱仪（EDS）对涂层界面元素分布情况进行分析。采用 X 射线衍射（XRD）来进行涂层物相分析，衍射实验在荷兰 Empyrean 型 X 射线衍射仪（见图 2-4）上进行，然后用 Jade 软件对重熔试样进行物相标定。

图 2-3　MLA650F 型扫描电子显微镜

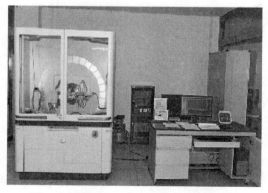

图 2-4　荷兰 Empyrean 型 X 射线衍射仪

2.3.2 孔隙率测定

通过 Photoshop 软件来检测涂层孔隙率的大小。Photoshop 软件通常将金相图中的灰度分成 256 个不同的级别，每一个灰度级别对应一个特定的灰度值，而灰度值的大小可以评定占据整张涂层照片的黑色区域（孔隙区域）的面积，因此可以根据设置灰度值确定孔隙区域在整张照片中所占的比例。

具体操作步骤为：采用矩形选框工具，选中要测定 SEM 样图的范围，点击"直方图"，得到整张图片的像素数。采用图形处理软件色彩灰度自动选择功能，点击菜单栏的"选择"→"色彩范围"窗口，选择该窗口的"阴影"和"灰度"，然后确定，点击"直方图"，得到涂层孔隙的像素数。两者之比得到孔隙率结果，即孔隙率=孔隙的像素数/整张图片的像素数。孔隙率样图测试过程如图 2-5 所示，得到等离子喷涂样图的孔隙率为 7.9%。为使孔隙率测试的准确度更好，每一组须采集五张试样图进行测量，最后进行求平均值。

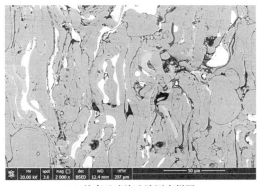

(a) 等离子喷涂孔隙测定样图

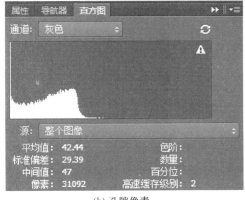

(b) 孔隙像素

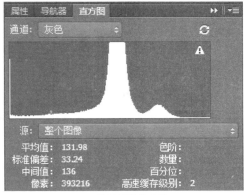

(c) 整张图片像素数

图 2-5　孔隙率测试过程

2.3.3　显微硬度

每个试样横截面相关的硬度值都采用 FM-700 型显微硬度测试仪设备进行测量。在测量过程中尽量避开涂层表面的颗粒、孔洞，设置试样加载的载荷为1000g，对试样加载的时间为10s，从涂层表面到基体共测试12个点，每个点之间隔0.05mm记录3次结果，然后求出每个点的平均值。另外，针对涂层中的9个点的硬度值求算术平均值，得到涂层的显微硬度值。

2.3.4　耐磨性能测试

采用 MMG-10 型微机控制摩擦磨损试验机测试涂层的耐磨性能，试验在室温下进行，采用固定销-转动盘接触，载荷分别为 100N、200N、300N、400N、500N，转速 400r/min，磨损时间 10min。通过比较试样磨损前与磨损后的磨损失重来衡量其耐磨性能。实验设备如图 2-6 所示。

图 2-6　MMG-10 型微机控制摩擦磨损试验机

2.3.5　二次枝晶间距

采用 Image-Pro Plus 软件在同一比例下通过截线法对二次枝晶间距进行测量并记录所测值，如图 2-7 所示。在扫描电镜图中找到合适的位置，直接画出二次枝晶臂的线，得出该截线上的间距，并计算该截线间二次枝晶臂的数量，将所得数值除以二次枝晶臂数量，即：所测量的二次枝晶间距 = 截线上的两平行线间距/二次枝晶臂数量。为保证检测的准确性，每张图须采集 4 个恰当的区域，然后将所测 4 个区域值的总和进行求平均值。

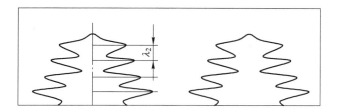

图 2-7 截线法测量二次枝晶间距示意图

3 基于 ANSYS 的激光重熔温度场有限元分析

3.1 引言

　　激光重熔具有快速加热与冷却的特点，是一个极其复杂的过程。在激光重熔过程中，由于激光束的快速移动容易使试样受热不均匀产生温度差，加之膨胀系数差别大的材料容易产生残余应力，促使零件表层或热影响区产生裂纹，从而降低了零件性能。而温度场的变化决定了重熔层材料的显微组织，力学性能和残余应力分布的特征，同时这些特征又是评价重熔质量的重要因素。因此温度场分布规律对重熔层质量有至关重要的影响。然现有实验测量手段又难以获得激光重熔完整的温度分布情况，因此采用有限元法可以解决这一问题并获取激光重熔温度场的分布情况。

　　基于此，本章主要通过 ANSYS 有限元软件对 45 钢表面激光重熔等离子喷涂 Fe 基 Ni/WC 涂层进行温度场有限元模拟，探讨不同激光功率和不同扫描速度对激光重熔过程温度变化的影响，并对该温度场模型的准确性进行试验验证。

3.2 激光重熔温度场的热分析理论

　　由于涂层材料在激光重熔时是处于局部受热状态，重熔层中存在很大的温度差，因此，涂层内部以及涂层与周围介质之间都会发生热能的流动。根据热传学的理论，传热主要分为三类途径：基材的辐射散热（热辐射）、与四周环境的对流换热（热对流）和向基材传热（热传导）。而在激光重熔的条件下，激光束扫描涂层材料的传热主要是以辐射和对流的形式进行，而涂层材料获得热能后，热的传播则以热传导为主，因此对于激光重熔温度场主要是以热传导的方式传递热能，可以适当忽略辐射作用（激光重熔传热过程时间短）。

　　在激光重熔热加工快速移动的过程中，涂层材料的温度会因时间的改变而不稳定，其热物性参数也会关于温度变化发生剧变，且在重熔过程中伴随着相的转变发生潜热的现象。因此，激光重熔分析属于非线性瞬态的热传导问题。非线性瞬态传热导的微分控制方程推导过程如下。

　　首先，根据热力学第一定律为：

$$\rho c\left(\frac{\partial T}{\partial t} + \{v\}^{\mathrm{T}}\{L\}^{\mathrm{T}}\right) + \{L\}^{\mathrm{T}}\{q\} = \ddot{q} \tag{3-1}$$

式中，ρ 为密度；c 为比热容；T 为温度；t 为时间；$\{L\} = \begin{Bmatrix} \dfrac{\partial}{\partial x} \\ \dfrac{\partial}{\partial y} \\ \dfrac{\partial}{\partial z} \end{Bmatrix}$ 为矢量操作符；

$\{v\} = \begin{Bmatrix} v_x \\ v_y \\ v_z \end{Bmatrix}$ 为质量传热速度矢量；$\{q\}$ 为热流矢量；$\ddot{q}$ 为单位体积的生热率。

然后，通过傅里叶定律把热流矢量和热梯度联系起来：

$$\{q\} = -[D]\{L\}^{\mathrm{T}} \tag{3-2}$$

式中，$[D] = \begin{pmatrix} K_{xx} & 0 & 0 \\ 0 & K_{yy} & 0 \\ 0 & 0 & K_{zz} \end{pmatrix}$ 为热传导矩阵；K_{xx}，K_{yy}，K_{zz} 分别代表单元 x，y，z

方向的导热系数。

最后，把式（3-2）代入式（3-1），得：

$$\rho c \left(\frac{\partial T}{\partial t} + \{v\}^{\mathrm{T}}\{L\}T \right) = \{L\}^{\mathrm{T}}([D]\{L\}T) + \ddot{q} \tag{3-3}$$

展开式（3-3），整理得到非线性瞬态传热问题的微分控制方程：

$$\rho c \left(\frac{\partial T}{\partial t} + v_x \frac{\partial T}{\partial x} + v_y \frac{\partial T}{\partial y} + v_z \frac{\partial T}{\partial z} \right) = \ddot{q} + \frac{\partial}{\partial x}\left(K_x \frac{\partial T}{\partial x} \right) + \frac{\partial}{\partial y}\left(K_y \frac{\partial T}{\partial y} \right) + \frac{\partial}{\partial z}\left(K_z \frac{\partial T}{\partial z} \right)$$
$$\tag{3-4}$$

式（3-4）只假定在总体笛卡儿坐标中考虑所有的影响因素，为无定解方程。为了可以解出定解，求得精确解，还需要确定此微分方程的边界条件与初值条件。在实际工程中，关于激光重熔温度场的求解基本只需要考虑下列三种边界条件，假设这些边界条件覆盖全部单元。

（1）第一类边界条件，在表面 S_1 上指定温度：

$$T = T^* \tag{3-5}$$

式中，T^* 为边界温度。

（2）第二类边界条件，如图 3-1 所示在表面 S_2 指定热流：

$$\{q\}^{\mathrm{T}}\{n\} = -q^* \tag{3-6}$$

式中，$\{n\}$ 为单位外法向矢量；q^* 为热流值。

（3）第三类边界条件，指定表面 S_3 上的对流换热，即牛顿冷却定律，如图 3-2 所示。

$$\{q\}^{\mathrm{T}}\{n\} = h_{\mathrm{f}}(T_{\mathrm{S}} - T_{\mathrm{B}}) \tag{3-7}$$

式中，h_{f} 为换热系数；T_{S} 为临近流体的体积温度；T_{B} 为模型表面温度。

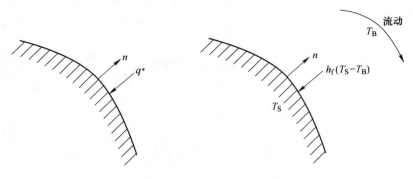

图 3-1　指定热流示意图　　　　　图 3-2　指定对流面示意图

3.3　激光重熔有限元模型的建立

3.3.1　模型建立及网格划分

建立一个三维模型，采用 ANSYS15.0 软件来模拟激光重熔的过程，考虑到激光是对称加载，所以可取实体一半，采用分层建模。试样的基本尺寸分别为：基体尺寸为 $40mm \times 40mm \times 5mm$，涂层尺寸为 $40mm \times 40mm \times 0.4mm$。采用 SOLID70 单元进行划分网格，为减少分析时间，在网格划分过程中，对远离激光重熔区域处用稀疏网格划分，单元大小为 $0.002mm$；而对靠近激光重熔区域处用密集网格划分，单元大小通过网格细化指令 Refine At 控制。考虑到重熔区域存在与周围环境换热的情况，以及需要施加热流密度，为此重熔区域上需要添加一层表面效应单元，单元类型选择 SURF152。所建立的有限元网格划分模型如图 3-3 所示。

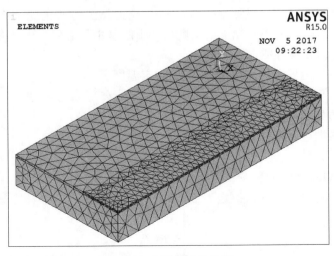

图 3-3　有限元网格模型

模型假设：

（1）材料连续和各向同性；

（2）忽略熔池流动；

（3）忽略材料的汽化作用；

（4）忽略少量 WC 和 SiC 热物理参数的影响；

（5）忽略相变潜热的影响。

3.3.2　激光热源的确定

考虑到涂层厚度不大，热源又是通过热流密度来加载到金属陶瓷表面重熔区域上的，故模拟过程采用有高斯面热源模型。高斯热源分布图如图 3-4 所示。激光重熔时热源的热流密度服从高斯热源分布的表达式为：

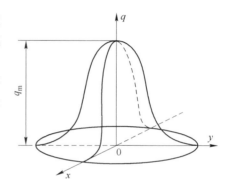

$$q(r) = q_\text{m}\exp\left(-\frac{3r^2}{R^2}\right) \qquad (3\text{-}8)$$

$$q_\text{m} = \frac{3Q}{\pi R^2} \qquad (3\text{-}9)$$

$$r^2 = (x - x_0)^2 + (y - vt - y_0)^2 \qquad (3\text{-}10)$$

图 3-4　高斯热源模型图

式中，$q(r)$ 为半径 r 处的表面热流，W/m^2；q_m 为激光中心最大热流密度；R 为激光光斑半径；r 为光斑中心与涂层表面上任一点之间的水平距离；Q 为激光功率；v 为光斑扫描速度；t 为激光作用时间；x_0 为光斑中心在坐标轴 x 上的坐标；y_0 为光斑中心在坐标轴 y 上的坐标。

3.3.3　材料热物性参数

材料的热物性参数对激光重熔过程温度场模拟有着至关重要的作用，因此准确的导热系数、对流系数、密度、比热容等热物性参数是获得准确模拟结果的必要条件。激光重熔过程中数值模拟一般都是随着温度的变化而变化，因而这种变化一旦反映到模拟计算所采用的偏微分方程中，就会严重影响到数值模拟的精度，而如今有许多材料的热物性参数并不是很齐全，为解决这一问题，使用金属材料性能模拟软件 JMatPro7.0 获得了两种金属粉末的主要热物性参数见图 3-5 和图 3-6。

对于组合粉末材料体系，其导热系数 λ、比热容 c 的参数都与粉末材料所占比例有关，故采用混合定律折算出相应的热物性参数：

$$y_\text{e} = \sum k_i y_i \qquad (3\text{-}11)$$

式中，y_e，y_i 分别为混合材料、材料 i 的某种热物性参数；k_i 为材料 i 的质量分数。折算混合物的热物性参数见表 3-1。

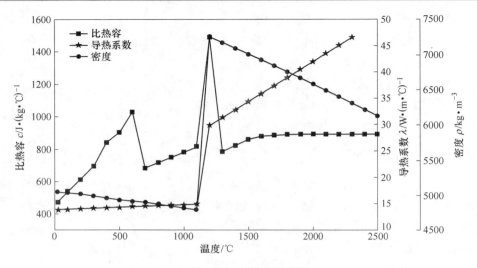

图 3-5　Fe40 的热物性参数

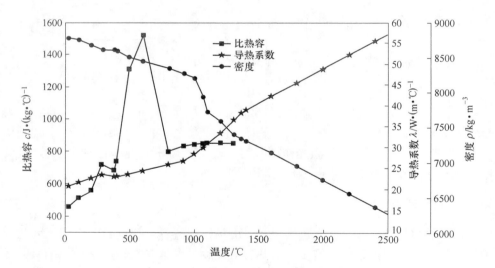

图 3-6　Ni60 + WC35 的热物性参数

表 3-1　折算混合物的热物性参数

温度 T /℃	导热系数 λ /W·(m·℃)$^{-1}$	比热容 c /J·(kg·℃)$^{-1}$	密度 ρ /kg·m^{-3}
20	14	468	5439
200	15	606	5399
400	16	828	5342
600	15	993	5288

续表 3-1

温度 T /℃	导热系数 λ /W·(m·℃)$^{-1}$	比热容 c /J·(kg·℃)$^{-1}$	密度 ρ /kg·m^{-3}
800	15	719	5238
1000	16	834	5174
1400	34	818	7125
1800	40	883	6795
2200	46	886	6436
2400	49	886	6250

3.3.4 工艺参数的设置

本节讨论激光功率和扫描速度对温度场的影响，通过控制变量法选取工艺参数。激光重熔工艺参数见表 3-2。

表 3-2 激光重熔工艺参数

编号	激光功率 P/W	扫描速度 v/mm·min^{-1}	光斑直径 D/mm
1	400	200	1.5
2	500	200	1.5
3	600	200	1.5
4	600	150	2
5	600	200	2
6	600	250	2

在上表面沿着热源移动的方向选取 a、b、c、d 四点，距起始点距离分别为 4.76mm、10.47mm、17.14mm、24.76mm，分别对应着节点编号 1203、1209、1216、1264，依次相差 5、6、7、8 个节点，另外在深度方向选取 EF 路线，E 为光斑中心，距离为 5.4mm。如图 3-7 所示。

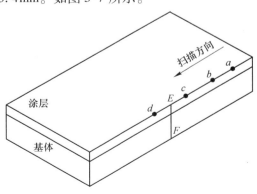

图 3-7 路线和节点的选取

3.4　温度场分布

图 3-8 为激光功率 500W、扫描速度 200mm/min、光斑直径 1.5mm 三个特定工艺参数下分别在 2s、5s、7s、9s 时刻的温度分布云图。不难发现，高斯热源中心温度都是最高的，而且随着高斯热源的前移，熔池也在移动，各温度场分布也发生明显的变化。从上表面看，由于是对称性地建模，其熔池形状呈现半椭圆形状。另外，随着激光热源的移动，移出的区域温度迅速降低，表现出激光重熔快速加热和快速冷却的特点。而沿着热源扫描的方向观察，可以发现在光斑中心前侧等温线较密，而后侧等温线较疏，因此前侧温度梯度大于后侧温度梯度。这主要是因为高斯激光能量分布很不均匀且其导热系数远大于周围区域的导热系数，因而热量更容易向已熔化冷凝区域一侧移动。

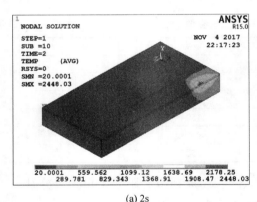
(a) 2s

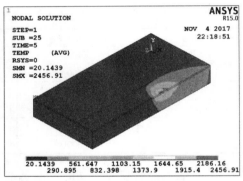
(b) 5s

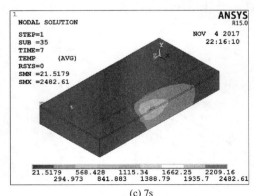
(c) 7s

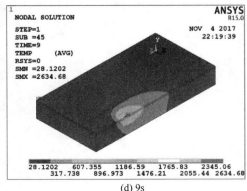
(d) 9s

图 3-8　不同时刻的温度分布云图

3.5　激光功率对温度场的影响

3.5.1　同一时刻的温度场分析

图 3-9 为 7s 时刻在不同激光功率下的温度场分布云图。从图中可知，功率 400W、500W 和 600W 的光斑中心最高的温度分别为 2203.9℃、2482.61℃、2806.67℃。这就表明在同一时刻随着激光功率的增大，其光斑中心的最高温度也在增加。同时也解释了公式 $E = P/(vD)$ 中扫描速度 v 和光斑直径 D 一定的情况下，激光功率 P 越大，激光比能 E 就越大，温度也就会相继增加。但激光能量过高，容易增加基体对涂层的稀释率，从而影响重熔层的质量；而能量过低就会导致涂层和基体不能形成良好的冶金结合。因此，选择合适的功率参数能够获得高质量的激光重熔涂层。

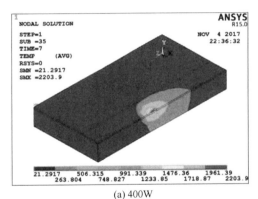
(a) 400W

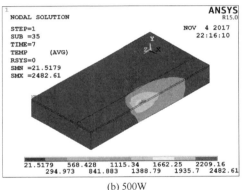
(b) 500W

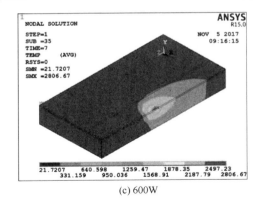
(c) 600W

图 3-9　不同激光功率在 $t = 7s$ 时的温度场分布云图

图 3-10 为 7s 时刻深度方向的温度分布曲线，即 EF 路线。其温度是呈现递减的趋势，最后都趋近相同的温度。另外在 0.4mm 深处，即涂层与基体界面结

合处，功率为 400W、500W、600W 其最高温度分别为 1353.7℃、1640.9℃、1922.8℃，而基体的熔点为 1493～1530℃，故功率为 500W 刚好达到最佳重熔效果，从而使基体与涂层达到更好的冶金结合效果。

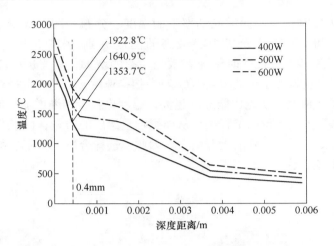

图 3-10　7s 时刻深度方向的温度分布曲线

综合图 3-9 和图 3-10 所述可得知，当功率较低时，随着激光功率的提高，将引起熔池深度的增加和气孔的产生，继而周围熔化的金属液体就会流向气孔，从而减少气孔数量，裂纹也相继减少，对增大涂层与基体冶金结合区宽度效果明显，对重熔温度分布有着较好的结果；当功率较高时，随着激光功率的提高，同时重熔深度达到 0.4mm（极限深度），将引起基体表面温升加大，试样过烧，从而加剧变形和开裂现象。因此，激光功率为 500W 为最佳工艺参数。

3.5.2　不同节点的温度场分析

图 3-11 为沿高斯热源移动方向上的各个参考点在不同激光功率下温度场随时间变化曲线。由此可见，各点的温度都是由低到高，在达到最高点后又迅速降低，最后都趋近于相同的温度，表现出激光重熔快速加热和快速冷却的特点。

从各节点不同激光功率下的温度曲线上来看，可知随着激光功率的增加，其温度从高到低依次为 600W、500W、400W，这说明激光功率越高，其加热温度就会增加，熔池也容易加深，达到一定深度后，孔洞就会增加，裂纹就会相继产生；反之，激光功率越小，其加热温度就比较低。对于 a、b、c、d 四点来说，距离重熔层起始位置越近，快速升温所用的时间就越短，且还可以发现 b 节点相对其他三个节点温度比较高，其次是 c 点，即 $b > c > d > a$。而且在

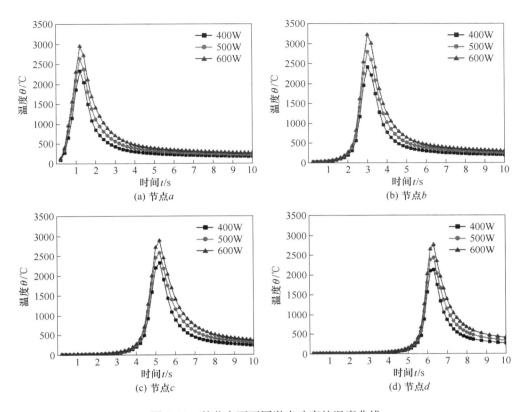

图 3-11　某节点下不同激光功率的温度曲线

同一节点下，激光功率与高峰值温度成正比。总体而言，随着功率的增大，温度就会增加，重熔层就会出现熔化凝固现象；但功率一直增大，会加深熔池的深度，从而加剧涂层的变形和开裂现象，对重熔效果非常不利。因而在功率较小的情况下增加激光功率，可以得到较小的熔池深度，减小稀释率，对重熔过程非常有利。

3.5.3 实验验证

本实验主要是为了测试沿高斯热源移动方向上某一点的温度变化。对等离子喷涂 Fe 基 Ni/WC 金属陶瓷涂层激光重熔处理时进行温度测量。温度测量设备采用德国欧普士公司生产的 Metis M16MB25 型红外线测温仪器，其基本性能参数包括：测温区间为 500～2500℃，焦距可调，响应时间为 5ms，分辨率为 0.1℃。为了获取重熔表面的不同层次的测量值，利用红外线测温仪对熔池温度进行定点测量，并读取数据。同时为了测量的准确性和精确性，要考虑减少纳米材料的吸收率及对能量的影响，故采用了预置纳米材料的方法，填料长度为 30mm，加上测试点比较多，从中选取部分点进行测试。红外线测温仪的探测头分别对准离重熔层起始位置 4.76mm、10.47mm 处，即点 a、点 b，如图 3-7 所示。模拟和试验测的温度场变化对比曲线如图 3-12 和图 3-13 所示。

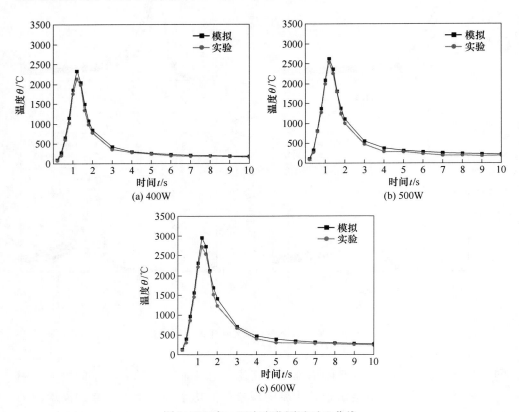

图 3-12　点 a 温度变化测试对比曲线

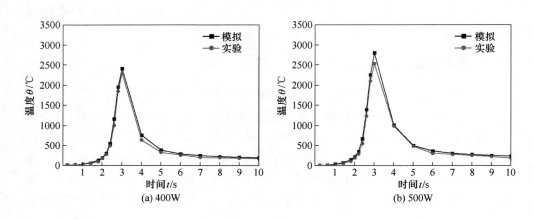

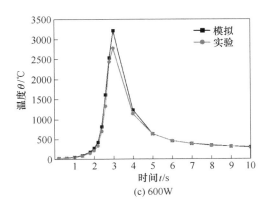

(c) 600W

图 3-13 点 b 温度变化测试对比曲线

从图 3-12 和图 3-13 中可以看出，模拟值和实验所测的值相差不大，只是实验值比模拟值要小一些。此外，两组数据的误差率基本保持在 2% ~ 10% 之间，在误差允许的范围之内，但也有个别组数据不在误差范围之内，如图 3-13(c) 的部分误差超过了 10% ，特别是在最高温处误差比较集中，这可能是在数值模拟中做了一些与实际情况并不吻合的假设，例如忽略熔池流动或者忽略少量 WC 和 SiC 热物理参数的影响等。

3.6 扫描速度对温度场的影响

3.6.1 同一时刻的温度场分析

从图 3-14 中可知 $t = 7$s 时刻扫描速度 150mm/min、200mm/min 和 250mm/min 的光斑中心最高的温度分别为 2569.91℃、2385.09℃、2273.96℃。扫描速度越快，最高温度越低，由于速度过快，能量来不及传递到材料内部，使得金属

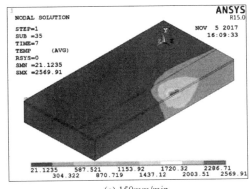

(a) 150mm/min

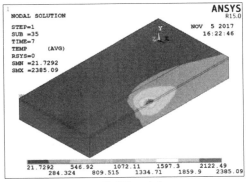

(b) 200mm/min

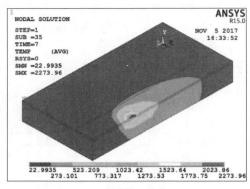

(c) 250mm/min

图 3-14　不同扫描速度在 $t = 7s$ 时的温度场分布云图

陶瓷涂层中一些难熔相不能充分熔化，从而残留一些未熔颗粒和气孔的产生，导致孔洞和裂纹的增加，不能形成涂层；速度过慢，增加了加热时间和能量的吸收，导致稀释率上升。这就说明扫描速度对激光重熔熔池孕育和存在的时间起决定性作用。

3.6.2　不同节点的温度场分析

　　比较图 3-15 各模拟曲线来看，可以发现温度在达到峰值之后，a、b、c、d 四点有着相同的规律，其温度的高低依次都是 150mm/min、200mm/min、250mm/min。另外发现各节点中温度最高的是点 b 扫描速度为 150mm/min 时的温度，其具体值为 2858.28℃，而点 a 的最高温度仅为 2561.4℃。这主要是因为金属陶瓷材料的导热性能非常好，能够快速将获得的能量以热传导的方式传播出

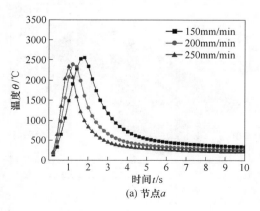

(a) 节点 a

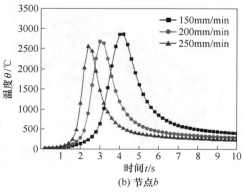

(b) 节点 b

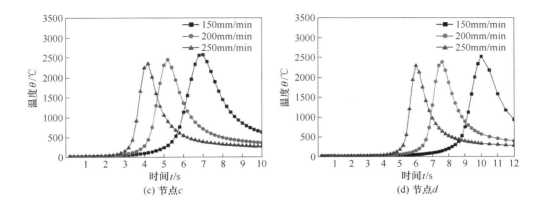

图 3-15　某节点下不同激光功率的温度曲线

去；而在激光重熔过程中，难免会遇到空气的干扰，其导热性能非常差，热量就很容易传导不出来，堆积在某一节点上，温度就会急剧上升。就节点温度的高低而言，扫描速度越快，所获得的热量太少，大部分区域都没有熔化；扫描速度越慢，所获的热量又太多，导致温度过高，试样就容易损坏。

从图 3-15 各模拟曲线可以看出，同一节点下随着扫描速度的增加，在加热到温度最顶峰，其温度高低依次为 150mm/min、200mm/min 和 250mm/min。这说明扫描速度越高，激光扫描时间越短，其加热温度就不是很高；反之，扫描速度越慢，激光扫描时间越快，其加热温度就比较高，涂层吸收的能量增加了，熔池也容易加深，孔洞就会增加，裂纹就会相继产生。另外，在同一节点中随着扫描速度的增加，涂层或基体达到温度最大值所需要的时间逐渐减少，但时间虽然减少了，由于扫描速度过快，重熔的温度就会分布不均匀，激光重熔的效果就达不到理想的状态，界面结合力、硬度等性能就会有所降低，从而就会减小零件的使用寿命。综上所述，选择合适的扫描速度可以使重熔温度分布较均匀，对激光重熔过程有着理想的状态。

3.6.3　实验验证

红外线测温仪的探测头分别对准离重熔层起始位置 4.76mm、10.47mm 处，即点 a、点 b，如图 3-7 所示。模拟和实验测得的温度场变化对比曲线如图 3-16 和图 3-17 所示。两组数据的误差率基本保持在 2% ~10% 之间，在误差允许的范围之内。实验结果和模拟结果基本吻合。

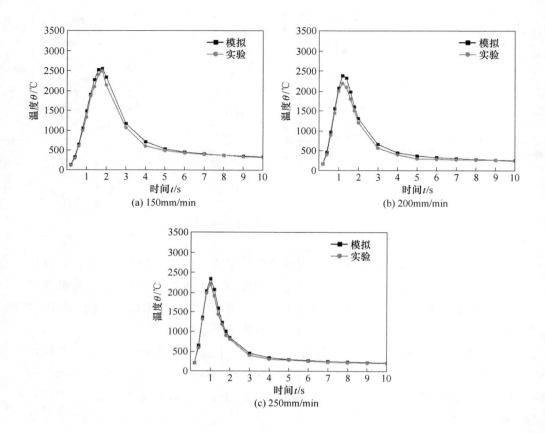

图 3-16　点 *a* 温度变化测试对比曲线

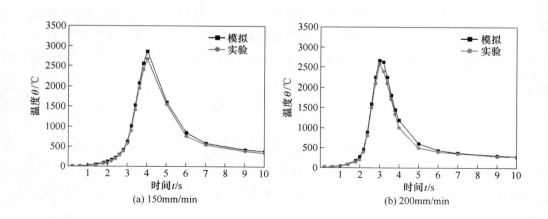

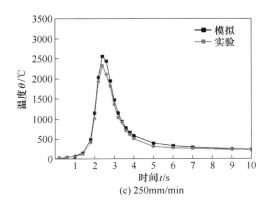

图 3-17   点 b 温度变化测试对比曲线

3.7   本章小结

本章简单介绍了热分析有限元法基本理论，并综合考虑了材料的边界条件、热物性参数和激光移动热源的处理。利用 ANSYS 有限元软件对等离子喷涂激光重熔工艺制备 Fe 基 Ni/WC 金属陶瓷涂层建立三维温度场模型，分析工艺参数在激光重熔过程中加热冷却的温度场变化规律。结果表明：激光重熔温度场分布是一个急热骤冷的过程，其光斑中心前侧温度梯度大于后侧温度梯度。

本章主要针对激光功率和扫描速度两个重要工艺参数下的激光重熔过程中温度场情况进行了分析。结论如下：在同一时刻，随着激光功率的增加，光斑中心的最高温度线性增加；在同一节点，激光功率与高峰值温度成正比；不同时刻下的温度场，光斑中心前侧温度梯度大于后侧温度梯度，因此激光功率的增大可以提高其中心最高温度，有利于涂层与基体冶金结合的实现。扫描速度较低时，加热时间、能量的吸收及熔池的深度将增加，导致稀释率上升；扫描速度过高时，材料内部的热量不足，使得涂层中难熔相不能充分熔化，从而出现未熔颗粒残留并产生气孔，导致孔洞和裂纹的增加，因此应选择合适的扫描速度。通过对这两个重要工艺参数下重熔层温度的实验检测和分析，验证了该温度场模型的可靠性与准确性。

4 激光重熔层工艺参数优化及界面行为研究

4.1 引言

激光重熔的工艺参数决定着大量界面结构，是涂层的重要特征与组成部分。而激光重熔层与基体结合界面处的微观组织成分及结构形貌又是影响重熔层质量的关键因素，不仅会影响重熔后涂层的综合性能，还关系着基体与涂层界面的结合强度。涂层界面会常常因热应力失去平衡的现象而造成缺陷集中，使得涂层材料的破坏通常发生在此处。而目前大多数研究多集中在重熔后涂层界面组织形貌的定性分析，定量分析相对较少。因此，必须采取相应的措施改善重熔涂层与基体的界面组织性能，从而获得优良高质量的金属陶瓷涂层。

采用等离子喷涂设备在 45 钢表面上制备了 Fe 基 Ni/WC 复合涂层，然后利用第 3 章的激光模拟工艺参数对该涂层进行激光重熔实验。对等离子喷涂和不同激光工艺参数下重熔层微观形貌的特点进行了描述，并分析对比不同激光工艺参数重熔涂层界面的微观形貌组织、物相组成、元素分布、枝晶间距以及相关性能，进而探讨重熔层的微观组织界面生长形态与机制，以期为激光重熔技术在热喷涂领域的实际后处理应用与推广提供理论依据。

4.2 等离子喷涂的微观形貌

等离子喷涂涂层 SEM 形貌如图 4-1 所示。从图 4-1(a)可以看出涂层表面有细小裂纹，较多未熔颗粒和空隙以及氧化物夹杂的黑色区域。在喷涂过程中有些颗粒仅在表面进行熔融并以堆块状形式存在，造成结构不均匀，形成涂层间隙，加上陶瓷和基体材料性能参数相差较大，加热后塑性变形大，冷却时热收缩应力难以松弛，容易产生裂纹。从图 4-1(b)可以看出等离子喷涂陶瓷涂层与基体界面分布着较大的孔洞和明显的层间裂纹，并且层与层之间存在较多的裂纹与孔隙，而这种层状结构特征的涂层在高速摩擦的使用环境下极易发生黏着磨损。另外，由于喷涂时部分喷涂粒子在结合界面处架空堆叠，不能充分填充，未熔粒子以颗粒形式存在于涂层中，基体与涂层之间没有机械相互作用，各元素无明显的相互扩散。因此，涂层之间的界面是典型的机械组合，这大大降低了涂层界面处的结合程度。图 4-1(c)为等离子喷涂涂层横截面形貌，其涂层主要结构是典型的层状结构，涂层中存在气孔或微裂纹边缘的固-气界面。

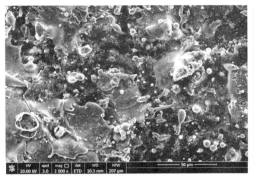

(a) 涂层表面

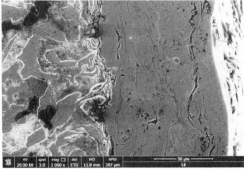

(b) 涂层结合界面

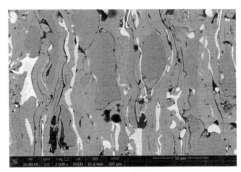

(c) 涂层横截面

图 4-1 等离子喷涂涂层 SEM 形貌图

4.3 激光功率对重熔层界面微观组织及性能的影响

4.3.1 微观形貌

图 4-2 和图 4-3 分别为各功率下重熔后结合界面形貌和断面某一处涂层形貌图。可以发现喷涂层经过激光重熔后涂层光滑致密，没有细微的裂纹产生，消除了大部分内部微缺陷，提高了涂层致密性，而横截面涂层由于放大倍数较大（8000 倍），可以清晰地看到细微气孔（小黑点），其组织大都呈现网状结构。

当激光功率为 400W 时，其横截面涂层（图 4-3（a））组织"网状"结构表现粗大，而涂层界面结合处（图 4-2（a））也相应产生很多类似细小孔洞 A 和 B 处（约 1μm），且界面线呈现波浪形，可能有两个原因：一是由于激光功率过低，获取的能量不能够使涂层难熔颗粒得到充分熔化，凝固时气体不能及时排除导致微小气孔，继而萌发细微裂纹；二是因为在激光重熔加工急热和急冷过程中容易产生热应力，致使微孔演变成裂纹。

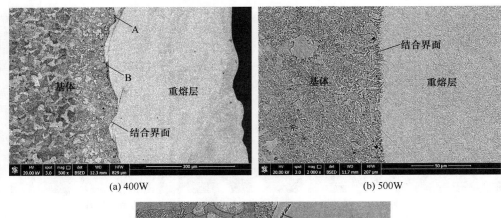

(a) 400W

(b) 500W

(c) 600W

图 4-2 不同功率下的结合界面形貌

当激光功率为 500W 时，涂层界面结合处（图 4-2（b））呈现锯齿形状铰合在一起，有较好的冶金结合状态，横截面涂层（图 4-3（b））中依旧存在不可避免的细小孔洞，但孔洞有所减少且其涂层组织网状结构相比 400W 较细。

当激光功率较大（600W）时，其横截面涂层（图 4-3（c））相比前两者功率而言，网状组织结构更细化，孔洞也相应减少了，并且网状结构类似于完整的"鱼刺形"。此外，从界面形貌图（图 4-2（c））可以看出，界面线为不规则熔合线，并非理想的直线，界面区域 C 处是激光重熔过程中产生的细微孔洞，与 A、B 处的微孔形成原因不同在于激光重熔快速冷却中会有少量的元素偏析，使已凝固部分的晶界前沿生长受到阻碍，导致微小孔洞产生。另外，区域 D 和 E 处的组织结构与基体相同，主要是因为激光重熔过程中功率过大，能量过足，导致重熔区域中的两种不同材料被熔融成流动的金属液体，并相互过度熔合，快速冷却之后形成类似区域 D、E 处的组织结构。因此，通过以上分析可知，不同激光功率参数对 45 钢表面上的等离子喷涂 Fe 基 Ni/WC 涂层进行激光重熔时，应选择功率 500W 为最佳。

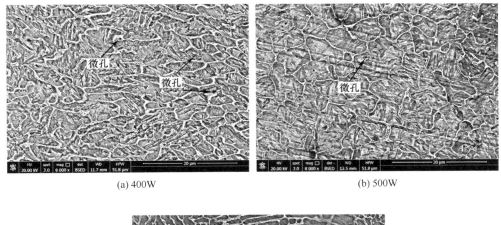

(a) 400W   (b) 500W

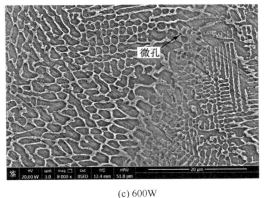

(c) 600W

图 4-3　不同功率下的横截面涂层形貌

4.3.2　物相分析

图 4-4 为各激光功率下重熔层 X 射线衍射图谱。可以看出，喷涂层经过激光重熔后涂层主要由［Fe，Ni］、Cr、$Fe_{0.64}Ni_{0.36}$、Fe_2Si 和 Cr_2Si 等化合物和硬质相组成。比较可知，500W 时基体与涂层发生更为复杂的冶金反应并且生成多相组织，有效地增强了涂层的结合强度。$C_{0.09}Fe_{1.91}$ 相的产生说明在涂层界面处有马氏体相的产生；激光重熔时 Cr 元素的出现说明随着激光功率的增大，会产生一些过饱和的固溶体和金属碳化物，因此容易对涂层性能起相应强化作用。而在激光重熔过程中的温度较高，并没有明显的 WC 峰值，WC 颗粒大部分都被分解掉，其数量相对较少（如 $2WC + O_2 \rightarrow W_2C + CO_2$）。由于激光重熔时温度较高，容易将基材元素向涂层内部进行扩散，产生化学浓度梯度，而不同激光功率，其热输入能量不一样，存在不同程度的稀释，所以重熔后的复合涂层随着激光功率的增

加在某些衍射角度的衍射峰强度下降明显。

对第一主强峰（42°～45°衍射角）的宽化现象观察如图4-4（d）所示，可以看出功率越大，其半峰高（FWHM）越宽，晶粒尺寸就越小。晶粒细化是可以根据金属学原理来解释，激光重熔过程中，提供大量的热量，快速冷却使结晶过程中具有极大的过冷度，临界形核尺寸就很小，抑制了晶粒长大，因此得到晶粒细小的重熔层。

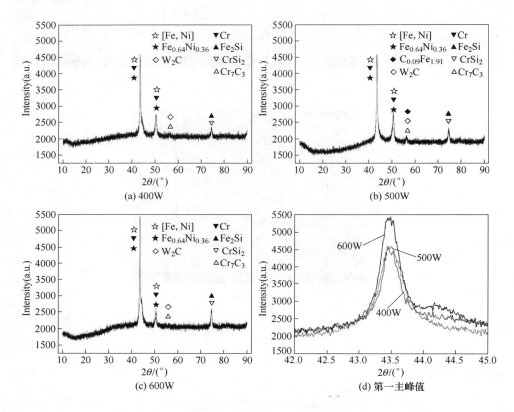

图4-4　不同激光功率下重熔层X射线衍射图谱

4.3.3　界面元素分布

对不同激光功率结合界面区域进行能谱仪（EDS）元素扫描如图4-5（a）所示，扫描结果如图4-5（b）所示。不难发现三者功率具有相似的元素变化规律，Fe元素富集现象比较明显，且在500W时Fe原子分数68.03%为最高，Ni原子分数2.43%相对较少，加上高温时两者原子半径和晶体结构类似，容易形成置换固溶体［Fe，Ni］。对于C元素在500W时原子分数25.56%为最高，而Cr元素和Ni元素在不同功率下重熔后的含量都较少，容易形成Cr_7C_3和$Fe_{0.64}Ni_{0.36}$化合物等硬质相产生固溶强化现象，从而增强重熔层硬度等行为。因此，正是由于这种通过原子扩散而形成的这些固溶体和硬质相，致使涂层和基材结合处表现出"交互结晶"的现象，进而在涂层界面结合处形成共结晶体，加强了重熔层与基体间的冶金结合。而三者功率重熔涂层都仅有微量的 Si 元素，说明微量的 Si 元素并未破坏 45 钢基体微结构，而是与涂层内的氧元素发生化学反应生成流动的 SiO_2，并与其他熔渣一起上浮形成致密的涂层。

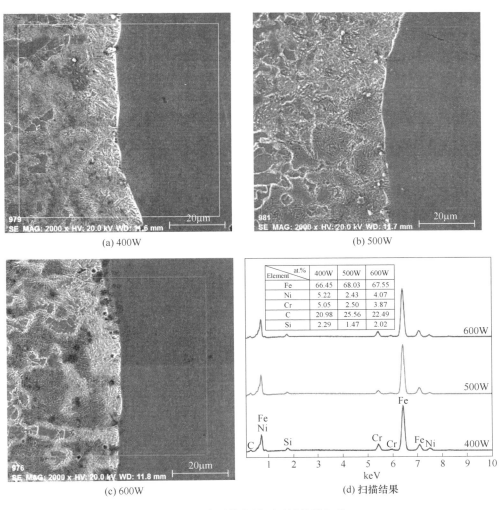

(a) 400W

(b) 500W

(c) 600W

(d) 扫描结果

图 4-5　涂层结合界面区域能谱扫描

图 4-6 为功率 500W 结合界面线扫描结果，扫描线长为 $53\,\mu m$。可以看出，Ni、Cr 和 Si 元素主要在重熔层区域较富集，分布比较均匀，而且这三种元素的含量都是由基体到重熔层逐渐增大，呈现出连续的梯度分布，说明 Ni、Cr 和 Si

元素主要是由重熔层向基体产生了一定的扩散且梯度分布表明了界面结合方式为冶金结合。而 C 元素在重熔层中也分布较均匀，但在基体中呈现上下波动幅度较大趋势，说明在基体中分布不是很均匀，另外 Fe 元素和 C 元素含量是由基体到重熔层逐渐减少，说明 Fe 元素和 C 元素主要是由基体向重熔层扩散。由上述分析可知，金属元素 Fe、Ni、Cr、Si 和非金属元素 C 出现了扩散现象，在涂层和基体之间存在着一定的冶金结合方式。

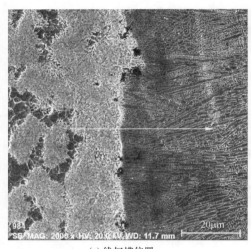

(a) 线扫描位置

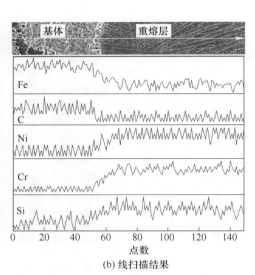

(b) 线扫描结果

图 4-6　500W 结合界面线扫描

4.3.4　孔隙率分析

对涂层重熔前和不同激光功率重熔后的孔隙率测试结果如表 4-1 所示。

表 4-1　涂层孔隙率的测量结果

项　　目	孔隙率/%					
	A1	A2	A3	A4	A5	平均值
喷涂态	7.9	7.1	7.6	7.0	6.9	7.30
400W	2.5	2.8	2.9	2.6	3.1	2.78
500W	2.2	2.4	2.1	2.6	2.5	2.36
600W	1.8	1.5	1.4	2.0	1.6	1.66

由表 4-1 可知，重熔后相比未重熔前的孔隙率有所提高，最少提高了 61.9%，且重熔后的孔隙率随激光功率的增加而减少。分析原因认为：在激光重熔过程中由于涂层材料会产生蒸发，加上熔池液面扰动等因素导致重熔层形成了

大量气体，有些气体来不及排出，导致气孔的产生。随着激光功率的增大，熔池的深度加深，熔池保留时间加长，大部分气体及时逸出，孔隙率有所减少。

气孔上升速度公式如下：

$$v_e = \frac{2g(\rho_L - \rho_G)r^2}{9\eta} \qquad (4-1)$$

式中，v_e 为气孔上升速度；ρ_L，ρ_G 分别为熔池密度和气孔密度，kg/m^3；r，η 分别为气孔半径和熔池黏度。

根据式（4-1）可知，气孔半径 r 越小，气孔上升速率 v_e 就越慢，故对于图 4-3(b) 中的这些小气孔（$r < 1\mu m$）上浮速度就会很缓慢。当激光功率增加到一定程度时，陶瓷材料温度达到一个极高值，其热导率随温度的升高迅速下降，导致熔池无法向固液界面附近流动，能量传递不过来，熔池深度不再增加，熔池保留时间一定，这些上浮速率慢的气体来不及排出而最终形成气孔，故功率持续增加超过一定范围时，孔隙率的下降就会停止。

4.3.5 显微硬度分析

图 4-7 为各功率重熔涂层横截面的深度-硬度关系曲线图。可以看出，显微硬度随着涂层表面到涂层内部距离的增加而减小。图 4-8 为各功率下重熔层的平均显微硬度值，等离子喷涂层的平均硬度值约为 HV937.6，而激光功率 400W、500W、600W 下重熔层的平均硬度值分别约为 HV1216.6、HV1293.4、HV1418.2，比原始喷涂层有较大幅度提高，且随激光功率提高硬度增加，最高约提高 51%。分析发现，喷涂层的显微硬度在激光重熔后得到显著升高，是因为激光重熔后涂层经过重结晶，使晶粒得到细化，另外，涂层中的 Si、C 等元素与金属元素发生反应，生成硬质合金相，在重熔层中起到固溶强化协同弥散强化

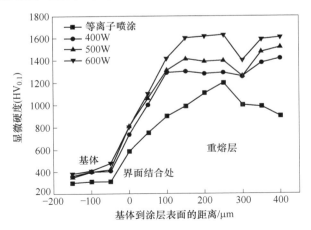

图 4-7　涂层横截面的显微硬度曲线图

的效果，加上新生成的硬质相与激光快速熔凝形成的致密细小的组织结构的细晶强化共同作用，大大提高了重熔层的显微硬度。同时激光功率的过度增加容易导致重熔层可能产生过度熔化导致涂层中含有基体组织致使硬度性能下降。

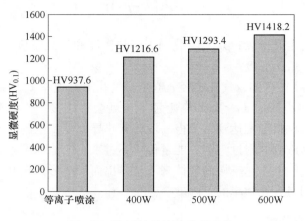

图 4-8　涂层的平均显微硬度值

4.4　扫描速度对重熔层界面微观组织及性能的影响

4.4.1　微观形貌

图 4-9 为激光重熔后的扫描电镜图。可以发现，等离子喷涂陶瓷涂层经过不同扫描速度激光重熔后，涂层光滑致密，没有细微的裂纹产生，消除了大部分内部缺陷，提高了涂层致密性，表面比较平整，截面处原有的片层状结构已经消失，重熔层与基体在结合界面处均形成了紧密的冶金结合。

当扫描速度为 150mm/min 时涂层与基体结合界面呈现类似两条界面线，涂层中含有少量的微孔且区域 A 和区域 B 的组织和基体组织相同。分析认为扫描速度过低，熔池搅拌时间较长，涂层吸收能量较多，同时基体对重熔层的稀释率也加大，涂层被熔透，并且与基体过度熔化，快速冷却之后形成类似区域 A、B 处的组织结构，容易降低涂层的强度和硬度。

当扫描速度为 200mm/min 时，涂层中微孔有所减少，而 D、E 处黑色物质是在实验腐蚀的情况下未清洗干净被氧化所造成的。

当扫描速度偏高（250mm/min）时重熔层中依旧存在不可避免的微孔，且这些微孔相比前两者扫描速度更多，可能是因为扫描速度的增加，熔化液体中的气泡或夹渣未及时逸出就冷却凝固，导致涂层产生微孔缺陷。而基体中的 F 处和 C 处孔洞与涂层微孔形成原因不同在于激光重熔快速冷却中会有少量的元素偏析，使已凝固部分的晶界前沿生长受到阻碍，导致微小孔洞产生。

(a) 150mm/min

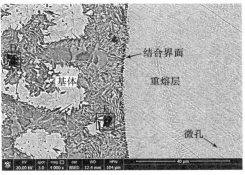

(b) 200mm/min

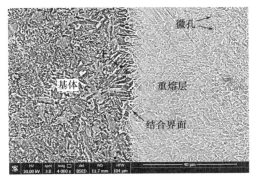

(c) 250mm/min

图 4-9　界面形貌扫描电镜图

　　另外，扫描速度的快慢决定着涂层表面扫描加热时间，对其有相当大的影响。假设坐标位于光斑中心，光斑形状为圆形，且能量密度均匀，如图 4-10 所示。则有：

$$t = \frac{s}{v}$$

$$s^2 = 4(r^2 - x^2)$$

$$(vt)^2 = 4(r^2 - x^2)$$

$$t^2/(2r/v)^2 + x^2/r^2 = 1$$

　　最终，可以推导出涂层受激光热传递的时间与扫描速度的关系为：

$$\frac{t^2}{\left(\dfrac{D}{v}\right)^2} + \frac{x^2}{\left(\dfrac{D}{2}\right)^2} = 1 \tag{4-2}$$

式中，t 为任意一点 P 激光扫描的时间，s；s 为点 P 在光斑中移动的距离（AB）（见图 4-10）；x 为任意一点 P 距光斑中心的距离，mm；D 为光斑直径，mm；v

为激光扫描速度，mm/s。

图 4-11 为各扫描速度 v 下激光重熔的时间-距离曲线，根据式（4-2）在激光功率 P 和光斑直径 D 不变的情况下绘制的。不难发现扫描速度越大，激光扫描传热的区域时间-距离曲线越趋向于平滑，且其整个表面的传热区域随之而逐渐变得均匀。因此可知，要想得到获得涂层材料表面受热均匀，必须尽可能用偏大的扫描速度 v，同时也要确保基体与涂层界面结合处优良融合，使其表面受热均匀得到提高。然而涂层厚度较厚时，增大扫描速度并不理想，容易熔不透。而相应的涂层厚度变较厚，扫描速度 v 应减小以满足涂层的熔透，使涂层和基体的界面达到一定的冶金结合。因此，综合上述分析可知，不同扫描速度激光重熔等离子金属陶瓷涂层时，扫描速度 200mm/s 表现最佳。

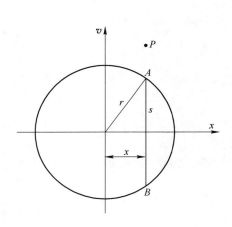 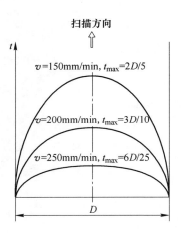

图 4-10　涂层表面 P 点的
热传递过程示意图

图 4-11　涂层表面 P 点的
热传递时间示意图

4.4.2　物相分析

图 4-12（a）为各扫描速度下重熔层 XRD 衍射图。可以看出，当扫描速度由 150mm/min 上升到 250mm/min 时，重熔层中的相组成几乎没有变化。而喷涂层除了 ［Fe，Ni］、Cr 和 WC 相之外，还含有 Cr_7C_3、$Fe_{0.64}Ni_{0.36}$ 等硬质相，经过激光重熔后出现了 Fe_2Si、Cr_2Si 等硬质中间相。另外，由于重熔后 WC 峰值比较小，大部分都被分解掉，存在脱碳现象，从而导致 W_2C 相的出现。激光重熔时 Cr 元素的出现容易在涂层中产生一些过饱和的固溶体和金属碳化物，起到固溶强化和弥散强化的作用。

对第一主强峰（42°~45°衍射角）的宽化现象进行对比观察如图 4-12（b）所示，可以看出增加扫描速度，其半峰高的宽度也增加。因此，结合 Scherrer 和

Wilsoh 公式的特点，可知扫描速度的增加能够促使重熔层内部共晶组织的尺寸变得更加的细小，晶粒尺寸也会相应地降低，从而增强涂层材料的强度和韧性。

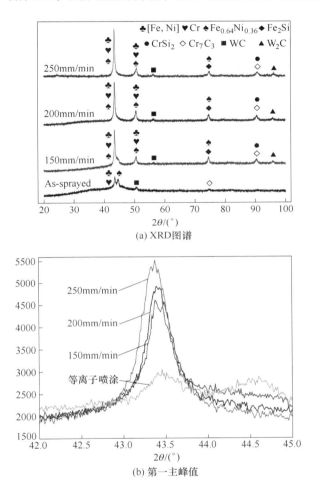

(a) XRD图谱

(b) 第一主峰值

图 4-12 各扫描速度下重熔层 XRD 衍射图

4.4.3 界面元素分布

扫描速度为 200mm/s 时能谱扫描位置如图 4-13 所示。图 4-14 为线能谱扫描分析结果，扫描线长为 50μm。可以看出，Ni、Cr 和 Si 元素成分在重熔涂层中表现偏高，而在基体中表现偏低，元素含量由基体向重熔层逐渐呈现递增行为，形成涂层界面元素浓度梯度，进而在涂层界面处产生元素扩散现象。其中，涂层中 Cr 元素的存在能增强涂层显微硬度和耐蚀性能；Si 元素与涂层中氧气产生反应生成 SiO_2，能使气孔减低和细化涂层晶粒。而 C 元素成分是由基体向重熔层轻微

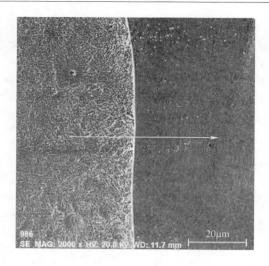

图 4-13　200mm/s 界面能谱扫描位置

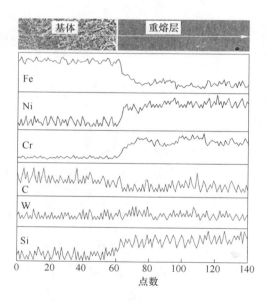

图 4-14　线扫描结果

的递减，说明 C 元素成分扩散主要起支配作用；Fe 元素含量是由基体到重熔层逐渐减少，说明 Fe 元素主要是由基体向重熔层扩散；W 元素成分在基体和重熔层中分布相当，说明 W 元素成分扩散现象不明显。另外，在进行激光重熔时，原子扩散是非稳态扩散，根据 Arrehenius 公式（4-3）可知：随着温度 T 的升温，扩散系数 D 表现指数增加。由于激光重熔是一个急热骤冷的过程，且温度非常高，其扩散系数远大于常温下 293K 的扩散系数，因此涂层表面产生扩散现象主要出现在激光重熔过程中，而温度越低，原子扩散能力越小，在重熔完成后，由于重熔层表面温度降低，其原子扩散也逐渐变得不活跃。

$$D = D_0 \exp\left(-\frac{Q}{RT}\right) \tag{4-3}$$

式中，D_0 为扩散常数；R 为气体常数，$R = 8.314 \text{J} / (\text{mol} \cdot \text{K})$；$Q$ 为扩散激活能；T 为温度。

图 4-15 所示为图 4-13 中扫描位置的面能谱分析结果。可以看出，涂层中的 Si、Cr、Ni 颜色更亮，含量更高；Fe 和 C 元素主要在基体中颜色比较亮；W 元素在涂层界面表现为弥散分布，富集现象不是很明显。这与界面线能谱扫描分析结果大致相同。由上述两种能谱扫描分析可知，金属元素 Fe、Ni、Cr、Si 和非金属元素 C 出现了扩散现象，在涂层和基体之间存在着一定的冶金结合方式。

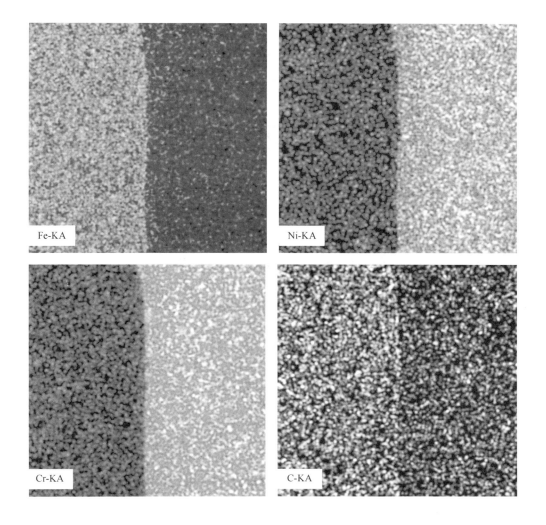

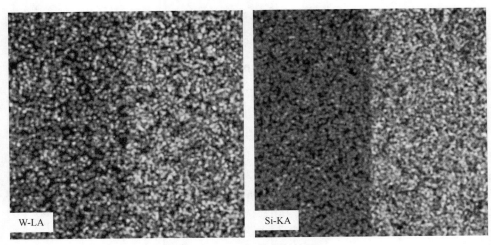

W-LA　　　　　　　　　　Si-KA

图 4-15　面扫描分析结果

4.4.4　枝晶生长行为

图 4-16 为二次枝晶间距测量扫描电镜图。从图中可以看出，激光重熔后组

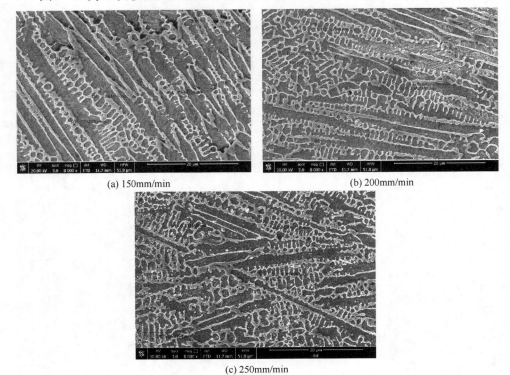

(a) 150mm/min　　　　　　　(b) 200mm/min

(c) 250mm/min

图 4-16　二次枝晶间距测量扫描电镜图

织主要是发达的枝晶组织，对于枝晶组织特征尺度应该是枝晶间距。而枝晶间距可以判别重熔凝固层组织质量的好坏程度，且枝晶间距通常有一次枝晶（柱状枝晶）间距和二次枝晶间距两种分类，其中一次枝晶间距的大小能影响其涂层硬度和韧性等物理性能，而二次枝晶间距的大小对元素成分、微孔和非连续基体相的分布均匀性有重要影响。

二次枝晶间距的测量结果如表 4-2 所示。可以看出，扫描速度越大，二次枝晶间距的平均值越小，说明二次枝晶间距的减少能使其枝晶组织变细，有序相和亚组织结构相应的尺寸值也变小。这主要是因为激光束刚好完全熔化涂层时，扫描速度的增加致使输入涂层材料的热量不够，而在重熔涂层快速凝固时，其冷却速度较快致使重熔区域的多数晶核来不及长大便形成凝固状态。另外，根据 Kirkwood 提出的枝晶粗化模型公式（4-4）可知：二次枝晶间距 λ_2 的大小随着涂层材料凝固时间 t 的增加成指数上升关系。因此，结合激光重熔急热骤冷的特点，扫描速度越快，冷却时间就越短，相应的枝晶间距就越小，组织结构越细。

$$\lambda_2 = \beta t^{1/3} \tag{4-4}$$

式中，λ_2 为二次枝晶间距；t 为枝晶凝固时间；β 为常数。

表 4-2　二次枝晶间距测量结果

扫描速度 /mm·min^{-1}	二次枝晶间距/μm				
	D_1	D_2	D_3	D_4	平均值
150	1.0307	1.1778	1.3075	0.9081	1.1060
200	1.3016	0.8818	1.0577	0.9572	1.0496
250	0.8131	0.8153	0.8449	1.0102	0.6209

4.4.5　显微硬度分析

图 4-17 为各扫描速度重熔层横截面的深度-硬度的曲线图。可以看出，显微硬度随着基体到涂层表面距离和扫描速度的增加而增加。当扫描速度较低时，熔池内的晶粒生长粗大，不利于晶粒的细化，使得显微硬度过低。提高激光的扫描速度后，晶粒的生长时间也变短，晶粒得到细化，硬度也得到提高。因此，提高扫描速度有助于晶粒细化，但扫描速度也不能增加太快，太快容易使得重熔区域的溶液流动不畅，孔隙增加，致使相应的硬度变小。各扫描速度下重熔层的平均显微硬度值如图 4-18 所示。喷涂层的平均硬度值约为 HV937.6，而扫描速度 150mm/min、200mm/min、250mm/min 下重熔层的平均硬度值分别约为 HV1223.8、HV1283.9、HV1382.9，比原始喷涂层也有较大幅度提高，且随扫描速度提高硬度增加，最高约提高 47%。分析认为，喷涂层重熔后硬度有明显提高的原因与 4.3.5 节一致。

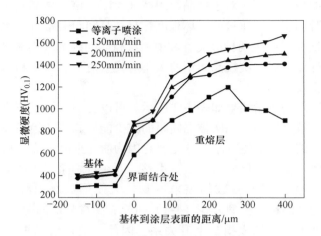

图 4-17　涂层横截面的显微硬度曲线图

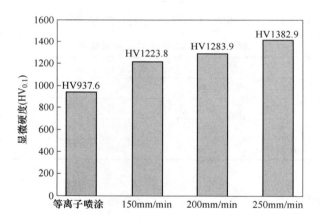

图 4-18　涂层的平均显微硬度值

4.5　本章小结

本章主要在 45 钢基体表面上制备了等离子喷涂 Fe 基 Ni/WC 陶瓷涂层，并对该喷涂层进行激光重熔，研究分析了不同激光工艺参数（激光功率 P、扫描速度 v）对激光重熔层界面微观形貌的影响，然后对等离子喷涂层和激光重熔层进行涂层微观组织、相结构以及相关性能的分析研究，主要总结如下：

（1）喷涂涂层表面有细小裂纹，较多未熔颗粒和空隙以及氧化物夹杂的黑色区域，横截面分布着较大的孔洞和明显的层间裂纹，界面涂层与基体表现为典型的机械结合。

（2）喷涂层组织经不同激光功率重熔处理后有不同程度的细化，功率越大，组织越细小，相应的孔洞也减少，而界面冶金结合在500W时表现最佳。当激光功率为600W时，其网状组织结构表现为完整的"鱼刺形"，类似于枝晶组织。基体与涂层结合界面处主要由［Fe，Ni］、Cr、$Fe_{0.64}Ni_{0.36}$、Fe_2Si、Cr_2Si等化合物和硬质相组成。随着功率的增加，平均晶粒尺寸就越大，其半峰高（FWHM）越窄，晶粒细化越不明显。随着激光功率的增大，涂层硬度呈现递减的趋势。当激光功率为400W时，显微硬度最高达到HV1630。

（3）不同扫描速度激光重熔后，组织结构为发达的枝晶组织，涂层与基体均形成了冶金结合，其中扫描速度200mm/s表现最佳，微孔最少；而喷涂层除了［Fe，Ni］、Cr和WC相之外，还含有Cr_7C_3，$Fe_{0.64}Ni_{0.36}$等硬质相，经过不同扫描速度重熔后出现了Fe_2Si、Cr_2Si等硬质中间相，且重熔层中的相组成几乎没有变化。扫描速度越大，其半峰高越宽，晶粒尺寸越小，晶粒细化越明显，相应的显微硬度有所提高，最高约提高47%。二次枝晶间距随扫描速度增加而减小，涂层和基体元素相互扩散。

5 基于响应曲面法的重熔层孔隙率工艺参数优化

5.1 引言

在实际工业生产应用中，涂层孔隙的存在一般可以储存润滑油，减小涂层表面与零件摩擦阻力，提高其耐磨损性能。但当涂层孔隙内含有腐蚀气体或者处于高温高压等恶劣环境中，就会加剧腐蚀元素的扩散，促使涂层产生失效。因此，为有效提高激光重熔涂层质量，降低涂层孔隙率是有必要的。本章通过响应曲面法（RSM）设计不同工艺参数（激光功率 P、扫描速度 v、光斑直径 D）与孔隙率 Y 的试验方案并进行孔隙率测试，从而建立各激光重熔工艺参数与孔隙率之间的 RSM 预测模型，并预测出最优推荐工艺参数。

5.2 响应曲面方法概述

响应面设计方法（RSM）是利用多元二次回归方程拟合因子与响应值之间的函数关系，寻求最优工艺参数和预测响应值的统计方法。该方法最早在 19 世纪 50 年代由数学家 Box 和 Wilson 提出来的。设计中控制变量 x_1，x_2，$\cdots$，x_k 称为响应因素，y_1，y_2，$\cdots$，y_k 称为响应值变量。在不忽略误差 ε（如响应测量误差）的情况下，响应值变量 y 关于响应因素的基本模型是：

$$y = f(x_1, x_2, \cdots, x_k) + \varepsilon \tag{5-1}$$

若响应系统为线性函数建模，则是一阶模型：

$$y = \beta_0 + \beta_1 x_1 + \beta_2 x_2 + \cdots + \beta_k x_k + \varepsilon \tag{5-2}$$

若响应系统为非线性函数建模，则是二阶模型（如式（5-3）所示），或是更高阶的多项式。

$$y = \beta_0 + \sum_{i=1}^{k} \beta_i x_i + \sum_{i=1}^{k} \sum_{j=1, i<j}^{k} \beta_{ij} x_i x_j + \sum_{i=1}^{k} \beta_{ii} x_i^2 + \varepsilon \tag{5-3}$$

5.2.1 响应曲面法的特点

（1）明确因子对响应指标没有线性影响；

（2）因子个数通常不超过 4 个时则采用 RSM 最合适；

（3）所有因素均为计量值数据；

（4）试验区域已接近最优区域；

（5）基于 2 水平的全因子正交试验。

5.2.2 响应曲面法的分类

在 Design-Expert 软件中，响应曲面法主要包含了 CCD（中心复合设计）、Box-Behnken 设计、单因子设计、D-最优设计、基于距离的设计、用户定义设计、基于历史数据的设计。此处仅简单介绍 CCD 和 BBD 两种方法：

（1）CCD（中心复合试验设计）。CCD 是一种基于 2 级全因子和部分实验设计的实验设计延伸方法。常用在需要测试各种因素的非线性效应的试验当中。该试验设计的试验点主要包含中心点、轴向点和立方点三点。

（2）BBD（Box-Behnken 设计）。Box-Behnken 设计是假设在测试范围内有一个二次项，并且测试点是在每个编码立方体边的中点处进行的；设计的实验次数在因子相同时低于 CCD 设计；不将全部试验都变为高水平的试验组合，特别适用于具有安全需求或特殊需求的特定试验；具有类似旋转，没有顺序的特点。

5.3 试验设计与分析

本试验根据 Box-Behnken 二阶响应曲面法，选取激光功率 P、扫描速度 v 和光斑直径 D 为试验因素，激光重熔涂层的孔隙率 Y 为响应值，采用 Design-Expert 软件进行 3 因素 3 水平的回归分析设计试验（见表 5-1），得出 15 组试验方案，相比全因子实验设计的 $3^3 = 27$ 组试验点有所减少，由此可以看出，响应曲面法不仅能够减少试验次数，还能够不浪费资源和时间。涂层制备方法和孔隙率测定方法均在第 2 章阐述，在此不再赘述。试验设计方案及试验结果见表 5-2。

表 5-1 响应曲面分析 3 因素 3 水平表

编码值及水平	激光功率 P/W	扫描速度 v/mm·min^{-1}	光斑直径 D/mm
−1	400	150	1
0	500	200	1.5
1	600	250	2

表 5-2 试验设计矩阵及试验结果

序号	激光功率 P/W	扫描速度 v/mm·min^{-1}	光斑直径 D/mm	孔隙率 Y/%
1	−1	−1	0	1.41
2	1	−1	0	0.82
3	−1	1	0	8.61
4	1	1	0	3.15
5	−1	0	−1	3.22
6	1	0	−1	3.13

序号	激光功率 P/W	扫描速度 v/mm · min^{-1}	光斑直径 D/mm	孔隙率 Y/%
7	–1	0	1	6.24
8	1	0	1	1.21
9	0	–1	–1	0.32
10	0	1	–1	2.13
11	0	–1	1	2.91
12	0	1	1	9.12
13	0	0	0	2.74
14	0	0	0	1.72
15	0	0	0	4.33

5.3.1 显著性分析与响应方程的建立

表 5-3 列出了多种模型分析的结果。从该表看出模型方程由一阶到多阶，即 Linear 到 Cubic 模型，其拟合优度系数 r^2 变大，模型 p 值也在变大。其中 Quadratic 模型 $p = 0.0807 > 0.05$ 表现为不显著；Cubic 模型的失拟程度太高，没有合适的响应面。因此可以采用 Linear 模型和 2FI 模型这两种模型进行拟合。而本节主要讨论 2 因素交互对孔隙率的作用，故选用 2FI 模型即 2 因素交互式模型。从 2FI 模型得到二次多元回归方程模型为：

$$Y = -30.49308 + 0.071788P + 0.092625v + 5.32000D - 0.0002435P \cdot v -$$
$$0.0247P \cdot D + 0.048v \cdot D \tag{5-4}$$

表 5-3 多种模型分析结果

模　型	F 值	p 值	r^2	失拟度分析				
				平方和	自由度	均方	F 值	p 值
Linear	8.19	0.0038	0.6907	27.16	9	3.02	1.74	0.4171
2FI	8.27	0.0044	0.8611	10.29	6	1.71	0.99	0.5810
Quadratic	3.73	0.0807	0.8702	9.38	3	3.13	1.81	0.3756
Cubic	4.6	0.1923	0.9650	0	0	0	0	0

表 5-4 为 2FI 回归模型方差（ANOVA）分析结果。该模型 F 值为 8.36，模型 p 值为 0.0043 < 0.05 显著，拟合优度系数 $r^2 = 0.8611$，信噪比为 8.081；失拟度 p 值为 0.5953 不显著。因此总的来说，2FI 模型是可以来预测和分析激光重熔涂层的孔隙率。另外，设计中选取 3 个单因子激光功率 P、扫描速度 v 和光斑直

径 D 的 2FI 模型的 p 值分别为 0.0155、0.0015、0.0225，均小于 0.05，说明这三个单因素都反应显著。且其 F 值和 p 值高低均依次为 $v > P > D$，说明扫描速度 v 的显著性最大，其次为激光功率 P。而对于其交互影响而言，激光功率 P 和光斑直径 D 的 p 值 0.0963 小于 0.1，且 F 值 3.55 最大，说明反应影响比较显著；而其他两个交互因子的 p 值均大于 0.1，说明不显著。

表 5-4　2FI 回归模型方差 （ANOVA） 分析

项　　目	平方和	自由度	均方	F 值	p 值①
2FI 模型	85.22	6	14.20	8.27	0.0044
P （激光功率）	15.60	1	15.60	9.08	0.0167
v （扫描速度）	38.50	1	38.50	22.41	0.0015
D （光斑直径）	14.26	1	14.26	8.30	0.0205
Pv	5.93	1	5.93	3.45	0.1003
PD	6.10	1	6.10	3.55	0.0963
vD	4.84	1	4.84	2.82	0.1318
残差	13.75	8	1.72		
失拟度	10.29	6	1.71	0.99	0.5810
纯误差	3.46	2	1.73		
拟合优度系数 r^2					0.8611
信噪比					8.081

①一般情况下，$p < 0.05$ 代表此因子显著，$p > 0.1$ 代表不显著。

5.3.2　孔隙率的响应曲面

通过上文显著性的分析，围绕两因素交互作用机制对孔隙率的影响展开探讨。在响应曲面法中，两个因素对于系统响应变量的交互影响情况，可以直接地用 3D 曲面图和等高线图画出。从图 5-1 可知，扫描速度一定时，孔隙率随着激光功率的增大和光斑直径的减少逐渐降低；从图 5-2 可知，激光功率一定时，孔隙率随着光斑直径和扫描速度的减少逐渐降低；从图 5-3 可知，光斑直径一定时，孔隙率随着激光功率的增大和扫描速度的减少逐渐降低，与图 5-1 的趋势一致。由此可知各种工艺参数优化的平衡点处于孔隙率 3D 曲面图最低的区域，这样能够保证涂层与基体得到充分的熔合而不是过熔或出现未熔化的现象，从而可以有效地获得最小孔隙率，提高重熔层的结构性能，改善涂层与基体的结合强度，提高涂层表面质量。

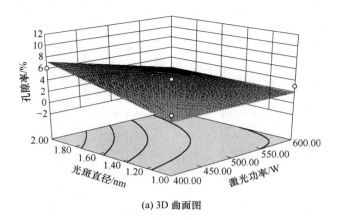

(a) 3D 曲面图

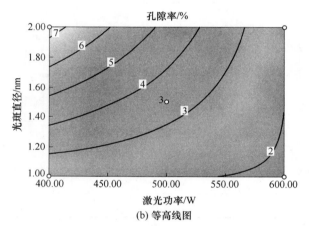

(b) 等高线图

图 5-1　激光功率 P 与光斑直径 D 对孔隙率的交互影响关系

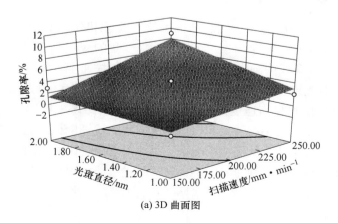

(a) 3D 曲面图

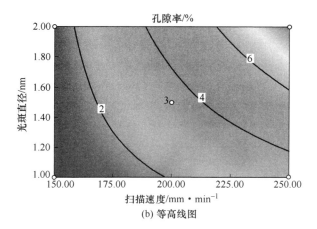

(b) 等高线图

图 5-2 扫描速度 v 与光斑直径 D 对孔隙率的交互影响关系

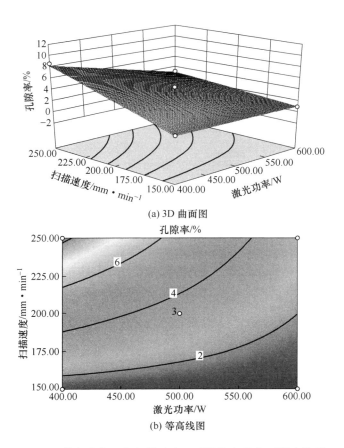

图 5-3 激光功率 P 与扫描速度 v 对孔隙率的交互影响关系

5.3.3　模型最优预测

表 5-5 为通过设置试验点的参数范围利用多元回归方程（5-4）对涂层孔隙率最小值进行预测所得出的结果。一般情况下最优先推荐的是第一组工艺参数，故最优工艺参数为激光功率为 600W，扫描速度 150mm/min，光斑直径 2mm，其最小孔隙率约为 0.28%，置信度高达 100%。其涂层表面和横截面的微观形貌组织分别如图 5-4 和图 5-5 所示。可以看出，涂层表面平整光滑，致密性很好，与基体形成了牢固的冶金结合，孔隙也很少。

表 5-5　孔隙率的模型预测数据

序号	激光功率 P/W	扫描速度 $v/\text{mm} \cdot \text{min}^{-1}$	光斑直径 D/mm	孔隙率 $Y/\%$	Desirability
1	586.5	150.79	1.98	0.284312	1
2	402.89	157.32	1.01	0.318966	1
3	592.84	150.62	1.93	0.280197	1
4	584.71	150.09	1.97	0.306391	1
5	400.78	158.42	1	0.318795	1
6	595.31	150.01	1.9	0.283168	1
7	403.84	155.31	1.01	0.221535	1
8	431.33	150.6	1	0.27602	1
9	593.99	150.39	1.97	0.196789	1
10 ~ 16	593.45	153.01	1.99	0.275299	1
17	600	158.48	2	0.389346	0.992
18	600	150	1.77	0.492769	0.98
19	574.12	150	1.58	0.973125	0.926
20	400	182.42	1	1.41767	0.875
21	599.55	250	1	1.79021	0.833
22	599.15	203.42	1	1.90139	0.82
23	600	250	1.05	1.91269	0.819

为验证 2FI 模型预测的准确性，探讨了 2FI 模型 RSM 预测值与实验值的对比、2FI 模型残差正态概率分布情况。图 5-6 表示 2FI 模型 RSM 预测值和实验值的对比图，预测值与实验值相差不大，且最大误差仅为 1.68，在误差允许的范围之内。2FI 模型残差的正态图如图 5-7 所示，数据基本上分布在一条直线上或直线两侧，说明该模型误差小，精确度高。综上所述，响应曲面法所建数学模型与试验吻合度高，说明了响应曲面法适宜对激光重熔等离子喷涂工艺参数进行优化。

图 5-4 涂层表面

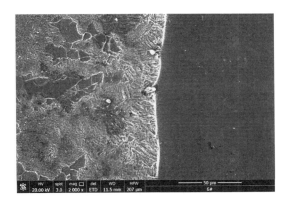

图 5-5 涂层横截面

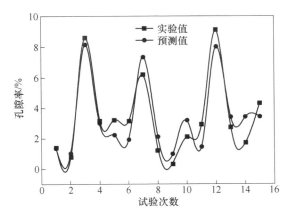

图 5-6 RSM 预测值与实验值的对比

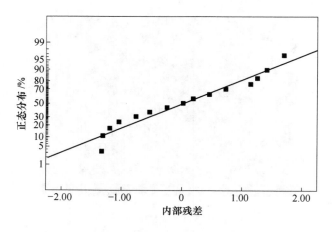

图 5-7　　RSM 残差正态分布图

5.4　本章小结

本章主要简单介绍了响应曲面法的概念、特点和分类，并根据 Box-Behnken 二阶响应曲面法建立了各激光重熔工艺参数与重熔涂层孔隙率之间的实验方案，得出主要结论如下：

（1）从多模型显著性分析中选取 2FI 模型，得到了各工艺参数（激光功率 P、扫描速度 v 和光斑直径 D）与激光重熔涂层孔隙率 Y 的二次多元回归方程为：

$$Y = -30.49308 + 0.071788P + 0.092625v + 5.32000D -$$
$$0.0002435P \cdot v - 0.0247P \cdot D + 0.048v \cdot D$$

（2）激光重熔 3 种工艺参数（激光功率 P、扫描速度 v 和光斑直径 D）对孔隙率的显著性依次为扫描速度 > 激光功率 > 光斑直径。而对于其交互影响而言，激光功率 P 和光斑直径 D 比较显著，其他两个交互因子影响不显著。

（3）通过设置试验点的参数范围利用二次多元回归方程对孔隙率最小值进行了预测。得出预测最优工艺参数为激光功率为 600W，扫描速度 150mm/min，光斑直径 2mm，其最小孔隙率约为 0.28%。

6 纳米 SiC 对 Fe/WC 涂层微观组织结构的改善

6.1 引言

等离子喷涂的操作简单，生产成本低，等离子电弧的电流密度大，喷射速度快，喷涂材料经加热熔融之后，喷涂到基体时能够分布均匀并充分填充，涂层的表面平整，致密性以及结合强度高，沉积速度快，提高了涂层的生产效率。但是，等离子喷涂的颗粒相互堆积，颗粒与颗粒之间难免会存在孔隙，微观结构上便表现出层状结构，这些层状结构极不稳定，且基体与涂层以机械结合的方式存在，涂层结合界面处的结合强度不高，这使得涂层在较大的剪切力作用下极易发生黏着磨损和层状脱落，这些缺陷造成等离子喷涂涂层无法适应较为恶劣的工作环境。

为了解决等离子喷涂涂层的这些缺陷，制备出种类更多、性能更好的涂层，扩大金属陶瓷涂层的应用范围，科学家们发现采用激光重熔技术对喷涂涂层进行二次处理是一个非常有用的解决手段，在近几年受到了很大的关注。激光重熔技术是利用高能激光束作用在金属材料表面，通过激光的快速熔化与冷却在金属材料表面形成一层致密的重熔层，并使重熔层与基体间的结合面形成致密的冶金结合的表面强化技术。纳米陶瓷颗粒由于其独特的结构和性质（量子尺寸效应、小尺寸效应、表面效应），比一般材料具有更加优异的性能，在冶金、机械以及航空、航天等领域得到了广泛的应用。国内外的研究发现，通过填料方式在激光重熔过程中加入纳米陶瓷粉末，可以减小涂层冷却凝固时的收缩应力，同时能够细化晶粒、减少裂纹及孔隙，获得性能更好的纳米陶瓷复合涂层。

本章利用激光重熔-等离子喷涂复合工艺方法，通过在等离子喷涂 Fe 基 WC 金属陶瓷涂层的表面预置纳米 SiC 粉末，然后再进行激光重熔，以获得纳米结构陶瓷涂层，研究纳米 SiC 对涂层的组织结构改善机制。

6.2 组织结构分析

6.2.1 金相分析

图 6-1 为不同纳米 SiC 含量的重熔层与基体结合界面处的金相组织图，图 6-1（a）为不含纳米 SiC 的重熔层与基体结合界面的金相组织，图 6-1（b）~（d）为

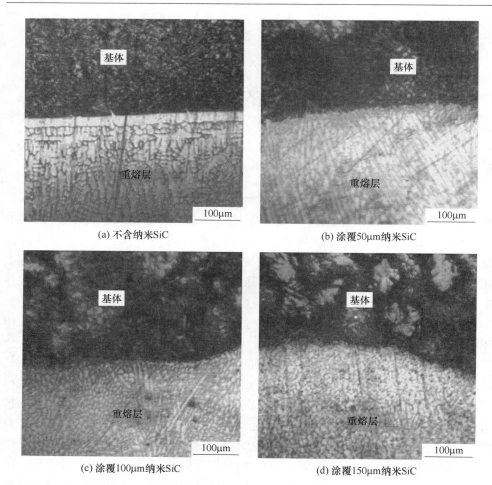

(a) 不含纳米SiC

(b) 涂覆50μm纳米SiC

(c) 涂覆100μm纳米SiC

(d) 涂覆150μm纳米SiC

图 6-1　不同纳米 SiC 含量的涂层与基体结合界面的金相组织

涂覆不同纳米 SiC 粉末厚度的重熔层与基体的结合界面。可以看出，等离子喷涂涂层的层状结构已经不见，并且在涂层结合界面处形成了致密的冶金结合。在重熔层的下部可以看到明显的垂直于结合界面并沿着热流方向生长的树枝晶结构，这些树枝晶结构主要以细小的柱状晶和等轴晶的形式存在，主要是由于 α 铁素体在激光重熔之后发生了再结晶现象。激光辐射时产生大量的热量，这些热量由涂层表面传递到涂层与基体的界面结合处，由于激光作用下涂层的快速升温与冷却，与基体相接触的熔池底部过冷度较大，具有较快的冷却速度，导致产生了较大的温度梯度，从而在重熔层底部沿热流方向向上形成致密的树枝晶结构。不含纳米 SiC 粉末的重熔层树枝晶比较粗大，而添加纳米 SiC 之后，重熔层的晶粒得到了不同程度的细化。图 6-2 为采用截点法估算的重熔层组织平均晶粒尺寸随纳米 SiC 粉末涂覆厚度的变化曲线。

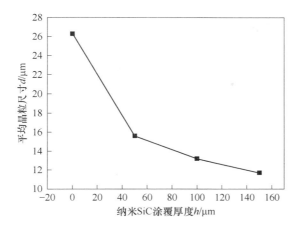

图 6-2 平均晶粒尺寸随纳米 SiC 粉末预置厚度的变化

由细晶强化 Hall-Petch 公式 $\sigma = \sigma_0 + Kd^{-1/2}$ 知，晶粒越细小，意味着晶界越多，位错滑移穿过晶界的次数越多，阻碍位错的作用越明显，则材料的强度就得到了提高。而第二相粒子对晶粒的阻碍作用可以用钉扎力 $B = \pi r_b \gamma$（r_b 为球状增强相粒子的半径，γ 为晶界的比表面能）来描述。纳米 SiC 颗粒的尺寸为纳米级，对晶界的钉扎能力极强，导致晶粒的细化程度提高。

另外，重熔层晶粒的细化程度随着 SiC 含量的增加而越来越显著。纳米颗粒具有比表面积大的性质，导致其表面含有的原子数相对较多，极易在涂层重熔过程中起到了异质形核核心的作用，这将减缓重熔层中等轴晶和柱状晶的生长，抑制其异常长大。随着纳米 SiC 的增多，作为异质形核的核心数量也增多，晶粒就得到了更多的细化，可以明显看到等轴晶与柱状晶变得越来越细小。晶粒的细化将会导致枝晶的偏析程度减低，这将有助于重熔层成分分布得更加均匀，进而形成更多的共晶组织，重熔层也将变得更加致密，对减小涂层的微观缺陷，提高涂层性能具有很大作用。

6.2.2 形貌分析

图 6-3（a）为扫描电镜下等离子喷涂 Fe 基 WC 金属陶瓷复合涂层的表面形貌，涂层表面呈现出凹凸不平的现象，这是因为，在等离子喷涂过程中 Fe 基 WC 粉末熔滴依次堆叠并随机铺展在基体表面，使得涂层表面凹凸不平。另外，涂层表面还可以观察到许多微裂纹和微孔隙等微观缺陷。图 6-3（b）所示为激光重熔 Fe 基 WC 金属陶瓷涂层的表面形貌，可以看到重熔之后涂层的致密性得到了极大的提高，表面比较平整，但是仍然可以看到些许微观孔隙。图 6-3（c）、（d）为添加

纳米 SiC 粉末后的激光重熔 Fe 基 WC 金属陶瓷涂层表面,在图中可以明显地看到弥散分布的纳米 SiC 颗粒,分布较均匀,然而,有一部分纳米 SiC 颗粒则发生了团聚现象。纳米 SiC 颗粒作为增强相加入涂层中,不但由于其小尺寸的特点,能够作为异质形核的核心,细化晶粒,而且还可以起到弥散强化的作用,因其本身还具有较高的强度和硬度,对涂层性能的提高具有很大作用。

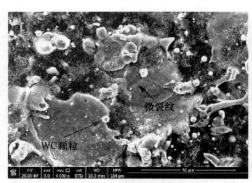

(a) 等离子喷涂涂层表面

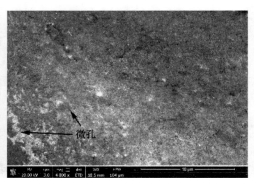

(b) 不含纳米SiC激光重熔涂层表面

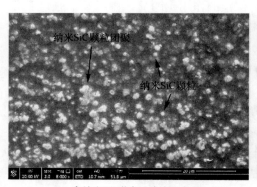

(c) 含纳米SiC激光重熔涂层表面

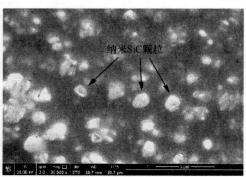

(d) 含纳米SiC激光重熔涂层表面

图 6-3 涂层表面微观组织结构

图 6-4(a)、(b) 为等离子喷涂 Fe 基 WC 金属陶瓷复合涂层结合界面的截面图。如图所示,喷涂涂层呈明显的片层状,涂层内分布着不少孔隙和裂纹等微观缺陷。片层状结构形成的原因是等离子喷涂过程时,喷涂粉末被加热到熔融或半熔融状态而形成熔滴,熔滴通过高速喷枪撞击到基体或者已形成的涂层表面并瞬间凝固形成,此成形机理使得前一层和后一层不能充分融合。在高速摩擦的使用环境下,这种层状结构特征的涂层极易发生黏着磨损。另外,涂层和基体之间的结合界面处有一条明显的锯齿形黑线和黑洞,这是由于等离子喷涂时熔化的金属陶瓷颗粒在结合界面处的架空堆叠,不能充分填充,很大程度上降低了喷涂涂层

与基体材料的结合强度。图6-4(c)为不涂覆纳米 SiC 的涂层激光重熔后涂层与基体结合界面形貌。从图中可以看到，原有的片层状结构已经不见，涂层与基体的结合界面处形成了致密的冶金结合。但是，涂层内仍然分布着些许细小的孔隙，图6-4(d)为涂覆纳米 SiC 的涂层激光重熔后涂层与基体结合界面形貌。可以看到，涂层与基体的冶金结合变得更加致密，涂层内的微孔隙基本上已经消失。

(a) 等离子喷涂涂层截面

(b) 等离子喷涂涂层截面

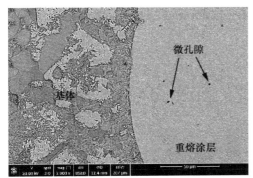
(c) 激光重熔涂层截面

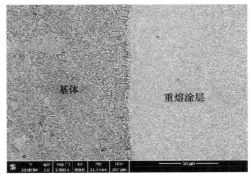
(d) 含纳米SiC激光重熔截面

图6-4 涂层与基体结合界面处的截面微观组织结构

图6-5(a)为不含纳米 SiC 的重熔层截面，图6-5(b)~(d)为不同纳米 SiC 含量的重熔层截面。可以看出，不含纳米 SiC 的重熔层中仍然存在不少的孔隙，但是添加纳米 SiC 之后重熔层的孔隙率得到了降低，而且当纳米 SiC 含量增多时，重熔层中的孔隙尺寸变得越来越小，孔隙数量越来越少。分析认为：孔隙的形成的主要原因是等离子喷涂时，喷涂颗粒由高速喷枪一个个喷涂在基体表面，这些小颗粒成层状堆叠，不可避免地会在颗粒之间形成架空孔隙，然后由于激光重熔的快速熔化与冷却，熔池内的少量微气泡来不及扩散到涂层表面，随着熔池的凝固，形成了一个个微小的气孔。但是，激光重熔使熔池内的熔融颗粒重新分布，

填充了原等离子喷涂涂层中形成的架空及凹陷，进而有效地降低了涂层的孔隙率。另外，纳米 SiC 的加入提高了熔池的固液收缩能力，降低了重熔层内的残余应力，增强晶粒之间的滑移，更加充分地填补了涂层内原有的孔隙及裂纹。而且，对于热膨胀系数而言，纳米 SiC 颗粒与 Fe 基金属陶瓷涂层有很大差别，激光重熔时，两者的受热变形不同，纳米颗粒与 Fe 基金属陶瓷颗粒之间会产生密度较高的位错，这些位错对涂层内裂纹的扩展起到了阻碍的作用，孔隙也得到了减小。

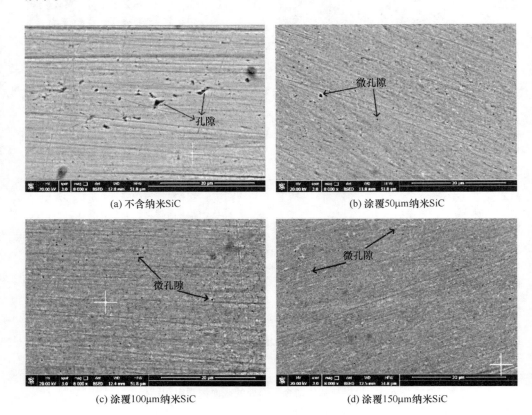

(a) 不含纳米SiC　　　　　　　　　　　　　(b) 涂覆50μm纳米SiC

(c) 涂覆100μm纳米SiC　　　　　　　　　　(d) 涂覆150μm纳米SiC

图 6-5　不同纳米 SiC 含量的重熔层截面背散射微观形貌

6.2.3　涂层内的主要元素分布分析

图 6-6 所示为用扫描电子显微镜自带的（EDS）能谱分析功能对结合界面处主要元素进行线扫描的结果，扫描长度为 50μm。图 6-6（a）为等离子喷涂 Fe 基 WC 金属陶瓷复合涂层与基体材料结合界面处的线扫描结果，涂层中 Si、C、Ni 的相对质量分数在结合界面处呈明显的梯度变化的趋势，但梯度很大，变化很

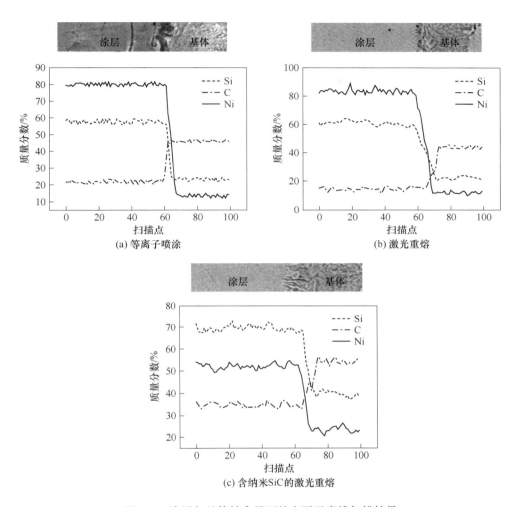

图6-6 涂层与基体结合界面处主要元素线扫描结果

快。这是因为等离子喷涂涂层与基体材料之间实现的是一种机械结合的方式，元素之间的相互扩散不明显，过渡区域很小。图6-6(b)为不加纳米SiC粉末下的激光重熔涂层与基体结合界面处的元素分布，如图所示，涂层中C元素的质量分数有所降低，可能是原涂层中WC颗粒受到重熔时的高温热能的影响发生了分解，一部分C元素与空气中的O_2发生化学反应生成CO_2（$C + O_2 \rightarrow CO_2$），Si和Ni元素含量没有太大变化。另外，结合界面处各元素的变化梯度得到减缓，分析认为，激光重熔使得涂层与基体实现了冶金结合，元素相互扩散明显，在结合界面处可以观察到清楚的过渡区域。图6-6(c)所示为添加纳米SiC颗粒下的激光重熔涂层与基体材料结合界面处的主要元素分布。可以看到，由于涂覆了纳米SiC粉末，涂层中 Si 元素的质量分数超过了 Ni 元素的质量分数，C 元素的质量分数也明显增加，这些 Si 和 C 元素可以和涂层中原有的 Fe、Ni、Cr 等元素发生反应生成硬质中间相，增强涂层的强度和硬度。另外，在图中可以看到比图 6-6(b) 更加明显的过渡区域。分析认为，由于纳米 SiC 颗粒的加入，细化了晶粒，增强了熔池内的固液收缩能力，提高了重熔时涂层表面到内部的传热能力，导致涂层与基体材料结合界面处的温度升高，各元素原子之间发生更加明显的扩散现象。

6.2.4　物相分析

图 6-7 为对不同涂层的 XRD 物相组成成分分析图。

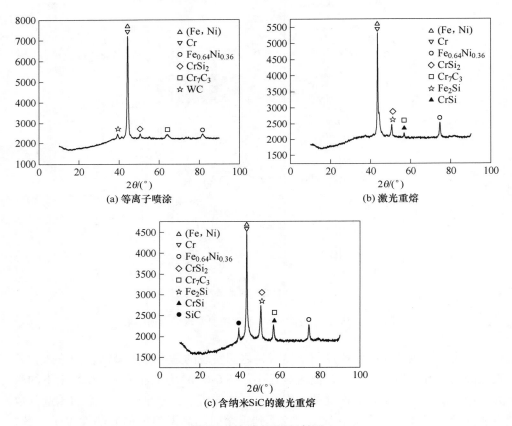

图 6-7　涂层 XRD 衍射图

图 6-7（a）为等离子喷涂 Fe 基 WC 金属陶瓷复合涂层的 X 射线衍射图谱。从图中的物相衍射峰可以看出，未加纳米 SiC 的重熔层中的主要物相为铁镍合金相（Fe, Ni）、α-Cr 固溶体，另外还存在少量的 Fe 和 Ni 反应生成的 $Fe_{0.64}Ni_{0.36}$ 硬质相以及未分解的 WC 陶瓷颗粒。由于 Fe 基 WC 陶瓷合金粉末中含有 16.4% 的

Cr、1.9% 的 Si，等离子喷涂时部分 WC 在高温作用下分解成 C 和 W，其中 C 可以和涂层中的 Cr 反应生成 Cr_7C_3 硬质中间相，Si 与 Cr 反应生成 $CrSi_2$ 硬质中间相，这些硬质中间相在涂层中作为第二固溶体，是涂层固溶强化的主要载体，增强涂层的强度和硬度。图 6-7（b）为激光重熔时未加纳米 SiC 的涂层的 X 射线衍射图。从图中可以看到重熔层中已经观察不到 WC 的存在，可能是 WC 在高温下完全发生了分解。激光重熔后，涂层中 $CrSi_2$、Cr_7C_3 的含量有所增多，而且生成了 Fe_2Si、CrSi 等新的中间相。这是因为激光重熔时，涂层中的 Si 和 C 在激光高能量的作用下更容易与 Fe、Cr 等元素产生化学反应，生成各种硬质中间相。图 6-7(c) 为激光重熔时添加纳米 SiC 的涂层的 X 射线衍射图。从图中可以看到，加入纳米 SiC 之后，涂层中 $CrSi_2$、Cr_7C_3 硬质相的含量显著增加，Fe_2Si、CrSi 等新相的含量也得到提高。这是因为加入的纳米 SiC 一部分在高能量的激光作用下发生分解，分解出的 Si 与原涂层中的 Fe、Cr 等发生了冶金化学反应。这个过程可能发生的主要反应方程式如下：

$$SiC \longrightarrow Si + C$$

$$x\mathrm{Fe} + y\mathrm{Si} \longrightarrow \mathrm{Fe}_x\mathrm{Si}_y$$

$$x\mathrm{Cr} + y\mathrm{Si} \longrightarrow \mathrm{Cr}_x\mathrm{Si}_y$$

由图 6-7(c) 还可以看到，重熔层中仍然存在部分未被分解的纳米 SiC 颗粒，这是因为为了保证涂层存在纳米结构，重熔时采用的激光功率较低，部分纳米 SiC 没有被分解，而是随着熔池的流动进入到重熔层内部，均匀分布到涂层中的各个区域，由于 SiC 陶瓷材料的高强度、硬度，一定程度具有弥散强化的作用。由此可见，重熔时加入纳米 SiC，不但在重熔层中生成中间相，起固溶强化的作用，而且纳米 SiC 本身也可以起到弥散强化的作用，这些对于提高涂层的性能具有极大的作用。

由图 6-7(c) 的 XRD 衍射图还可以进一步借助谢乐公式（见式(6-1)）对涂层中的纳米 SiC 颗粒的晶粒尺寸进行估算：

$$D = \frac{K\lambda}{\beta \cos\theta} \tag{6-1}$$

式中，K 为常数；λ 为 X 射线波长；β 为衍射峰半高宽；θ 为衍射角。

其中，K 一般取 1，X 射线的波长 λ 为 0.15405nm，计算得到纳米 SiC 颗粒的尺寸为 69nm，没有明显的长大，与前期进行的纳米颗粒在激光作用下的生长的模拟计算值相符。说明激光重熔时，在非平衡态激光能量的输入下，涂层的熔化和冷却时间特别短，一方面细化了粗颗粒，另一方面缩短了纳米 SiC 颗粒的烧结时间，使纳米 SiC 颗粒尺寸保持在纳米范围内。

6.2.5　涂层的残余应力计算

不管是等离子喷涂还是激光重熔，都会产生极高的热应力，这些热应力撤除后会在涂层内部仍然存在一部分残余应力。为了测量涂层内的这部分残余应力，利用涂层的 X 射线衍射图谱，采用 E. Mchearauch 提出的应力计算 $\sin^2\psi$ 法：

$$\sigma = K \cdot \frac{\Delta 2\theta}{\Delta \sin^2\psi} \tag{6-2}$$

式中，σ 为涂层的残余应力；K 为应力常数，与涂层材料有关，可由弹性模量和泊松比求得；ψ 为 X 射线的入射角。

　　通过 X 射线衍射图谱，借助 MDI Jade6.5 软件计算出 2θ 与 $\sin^2\psi$ 的斜率，可以直接得出涂层表面的残余应力，计算结果如图 6-8 所示。从图中可以看到，三种涂层表面处的残余应力均为正值，说明是以拉应力的形式存在。等离子喷涂层表面的残余应力为 363.4MPa，激光重熔涂层表面的残余应力为 185.7MPa，降低幅度为 48.9%；添加纳米 SiC 后的激光重熔涂层表面的残余应力为 158.6MPa，相对于没加纳米 SiC 的重熔涂层降低了 14.6%。分析认为：等离子喷涂涂层存在较多的孔隙、裂纹等微观缺陷，激光重熔之后能够极大地改善涂层内的微观缺陷，残余应力也得到了显著的降低。重熔时纳米 SiC 的加入，能够降低涂层的热膨胀系数，提高涂层的固液收缩能力，对涂层表面的残余应力的降低起到了很大的作用。

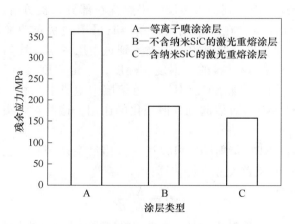

图 6-8　涂层表面的残余应力

6.3　本章小结

　　本章研究了纳米 SiC 对 Fe/WC 金属陶瓷涂层微观组织结构的改善作用，主要内容包括：

　　（1）通过金相分析可以看出不含纳米 SiC 粉末的重熔层树枝晶比较粗大，而添加纳米 SiC 之后，重熔层的晶粒得到了不同程度的细化。纳米 SiC 的加入能够细化晶粒。

（2）通过对比涂层的表面与截面的形貌，可以看出不含纳米 SiC 的重熔层中仍然存在不少的孔隙，但是添加纳米 SiC 之后重熔层的孔隙率得到了降低。而且当纳米 SiC 含量增多时，重熔层中的孔隙尺寸变得越来越小，孔隙数量越来越少。

（3）通过 EDS 能谱分析可以看出，等离子喷涂涂层经激光重熔后涂层与基体在结合界面处实现了冶金结合，添加纳米 SiC 之后冶金结合的程度增强，元素扩散现象更加明显。

（4）通过物相分析可以看出，激光重熔时加入纳米 SiC，能够增加重熔层中的 $CrSi_2$、Cr_7C_2 硬质相，并且生成 Fe_2Si、$CrSi$ 等新的中间相，这些中间相的在重熔层中作为第二固溶体，起到固溶强化的作用，提高涂层的强度及硬度。

（5）通过残余应力的计算可以看出，重熔时加入纳米 SiC 对涂层表面残余应力的降低起到了更大的作用。

7 纳米 SiC 对 Fe/WC 涂层机械力学性能的改善

7.1 引言

　　追求高性能的涂层一直是相关科学家们不懈努力的地方，改善涂层的微观形貌和组织结构的主要目的也是为了获得高性能的涂层。涂层在不同的应用领域需要在某一方面具有其独特的性能。比如在航空发动机上应用的热障涂层，就需要具有优良的热稳定性、抗热震性和耐腐蚀性；还有远洋船舶上的传动轴，因为要承受很长时间的压力和扭转应力，使用常规涂层会出现腐蚀、开裂脱落等情况，因此就需要具有优异的承受扭转疲劳能力的、抗磨损、抗腐蚀的涂层。纳米结构涂层被视为是解决这些问题的有效途径之一。

　　本章先在等离子喷涂涂层上涂覆纳米 SiC 粉末，再采用激光重熔的方法制备了纳米结构涂层。通过显微硬度计和摩擦磨损试验仪探讨纳米 SiC 的加入对涂层硬度以及耐磨性能的改善。

7.2 纳米 SiC 对 Fe/WC 金属陶瓷涂层性能的改善

7.2.1 纳米 SiC 对 Fe/WC 金属陶瓷涂层显微硬度的改善

　　图 7-1 为等离子喷涂涂层、不含纳米 SiC 的激光重熔涂层和涂覆 100μm 纳米 SiC 的激光重熔涂层的显微硬度随到涂层表面距离的变化曲线图。

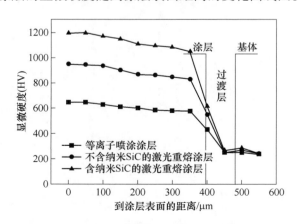

图 7-1　涂层显微硬度随涂层深度的变化曲线

图 7-2 为重熔层截面显微硬度值随纳米 SiC 的含量以及距离涂层表面的距离
变化的变化曲线图。涂层的显微硬度随着到表面距离的增加呈不断减小的梯度变
化的趋势，在涂层与过渡层交界处，显微硬度值快速下降，到 HV250 左右停止，
这与基体材料的显微硬度值差别不是很大。经过激光重熔后，截面的显微硬度值
得到了明显提高，在靠近表面处的涂层显微硬度由原来的 HV646 提高到了 HV
950，同时，加入纳米 SiC 之后，靠近表面处的涂层显微硬度提高到了 HV 1195，
这要比只是单纯的激光重熔高得多。可见激光重熔和纳米颗粒的加入都对涂层的
显微硬度有极大的改善作用。分析认为：喷涂涂层经激光重熔之后，涂层中原有
的孔隙、裂纹等微观缺陷得到改善，涂层更加致密，涂层中 $CrSi_2$、Cr_7C_3 等硬质
中间相含量也得到提高，这些原因的共同作用下使涂层的显微硬度得到提高。另
外，重熔时加入纳米尺寸的 SiC 颗粒的一方面可以作为异质形核的核心，能够细
化晶粒，另一方面，促进了涂层中硬质中间相的形成，也使得涂层的显微硬度得
到提高。从显微硬度变化曲线中还可以看到在过渡层处均有一小段上升的趋势，
这可能是因为等离子喷涂和激光重熔时高温热量传递到了基体，对基体材料具有
一定的强化效果，进而导致了局部的硬度上升。

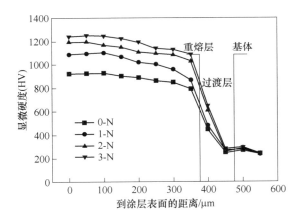

图 7-2　不同纳米 SiC 含量的重熔层截面显微硬度变化曲线图

表 7-1 为不同涂层的表面显微硬度的检测值。由表可知，激光重熔能够提高
涂层表面的显微硬度，这主要是因为激光重熔能够改善等离子喷涂涂层中的裂纹
和孔隙，使涂层的致密性得到提高。另外，激光重熔时加入纳米 SiC 比单纯的激
光重熔得到的涂层表面硬度更高，且随着纳米 SiC 的预置厚度增加，表面的显微
硬度也得到了不同程度的提高，由无纳米 SiC 时的 HV923，分别提高了 17.3%
（HV1083）、25.8%（HV1162）和 34.7%（HV1244）。这一方面是因为纳米 SiC
的加入使涂层中 C 化物和 Si 化物的硬质中间相的含量得到提高，另一方面是由

于纳米 SiC 陶瓷颗粒本身的高硬度所致。

表 7-1　不同纳米 SiC 涂覆厚度的重熔层表面显微硬度（HV）

涂层	等离子喷涂涂层	不含纳米 SiC 激光重熔涂层	涂覆 50μm 纳米 SiC 重熔层	涂覆 100μm 纳米 SiC 重熔层	涂覆 150μm 纳米 SiC 重熔层
显微硬度（平均值）	643	923	1089	1162	1244

7.2.2　纳米 SiC 对 Fe/WC 金属陶瓷涂层耐磨性能的改善

　　材料的摩擦磨损一般存在三个阶段：初期跑合、稳定磨损、剧烈磨损。图 7-3 所示为室温中不同涂层在摩擦磨损试验机下的摩擦系数随时间的变化关系图。从图中可以看到，在磨损刚开始时，三条曲线的摩擦系数便急速上升，没有明显的跑合阶段，但是随着磨损的继续，等离子喷涂涂层的摩擦系数要远高于不含纳米 SiC 的激光重熔涂层和含纳米 SiC 的激光重熔涂层。在同等情况下，摩擦系数越小代表耐磨性能越强。分析认为，等离子喷涂涂层的表面粗糙度值较大，实际接触面积较小，接触点数少，而多数接触点的面积又较大，由于等离子喷涂典型的层状结构，极易发生黏着磨损，因此摩擦系数较大。随着磨损时间的延长，涂层表面微峰顶端渐渐被磨平，表面粗糙度降低，涂层与对磨件之间的接触面积增大，这代表摩擦磨损到达一个稳定磨损阶段，摩擦系数曲线变化缓慢，处于一个稳定值。另外，可以看到等离子喷涂涂层的摩擦系数随时间的变化曲线在 8min 之后摩擦系数发生降低的情况。这是由于涂层经过剧烈磨损之后，材料至表面逐渐损失，以至于发生了磨损失效的现象，而不含纳米 SiC 的激光重熔涂层和含纳米 SiC 的激光重熔涂层在 8～10min 之间并没有发生磨损失效的现象。这也从侧

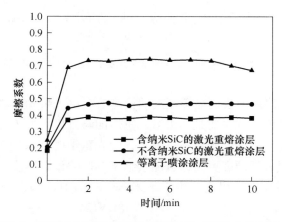

图 7-3　室温中不同涂层的摩擦系数随时间的变化曲线图

面反映了等离子喷涂涂层的耐磨性能不强,激光重熔能够改善涂层的耐磨性能。通过对比和分析不含纳米 SiC 的重熔层和含纳米 SiC 的重熔层的摩擦系数随时间的变化曲线,可以看出纳米 SiC 的加入也能极大的增强涂层的耐磨性能。

图 7-4 所示为不同涂层在常温下磨损 10min 之后的磨损失重随载荷的变化曲线图。由图所示,不管重熔层中含不含纳米 SiC,磨损失重随着载荷的变大近似的呈线性增加。但是,等离子喷涂涂层具有更快的增长趋势,而不含纳米 SiC 的重熔层和含有纳米 SiC 的重熔层的增长相对较缓,且在相同载荷下,含有纳米 SiC 的重熔层的磨损失重量最小,说明其耐磨性能也是最好,不含纳米 SiC 的重熔层次之。可见,重熔时添加纳米 SiC 可以显著提高涂层的抗磨损能力。分析认为:激光重熔后,涂层因为重结晶的作用得到了更加细小的结晶组织,致密程度与硬度得到了不同程度的提高,同时,涂层中原有的片层状结构消失,使其整体的结合强度提高了,耐磨性能也就相应地提高了。在图 7-4 和图 7-5 中看到的不含纳米 SiC 的重熔层由于拥有较多的气孔等微观缺陷,这些气孔的存在会导致应力集中,在受到对磨销的压应力和切应力的作用下,更易在这些地方萌生裂隙,进而扩展到整个表面的磨损和脱落,而磨损掉的这些磨屑在对磨间中不能及时排出,起到了磨粒的作用,对重熔层的磨损造成了进一步的加剧。然而,由于纳米 SiC 的存在能够细化晶粒,重熔层中孔隙得到填充,晶界的界面强度与重熔层的致密度得到提高,在磨损过程中能够有效地抑制重熔层中大颗粒的脱落。另外,纳米 SiC 的加入能够有效提高涂层中碳化物和硅化物等硬质合金相的含量,这些硬质合金相能够降低外界的载荷和摩擦,使重熔层的耐磨性能得到改善。

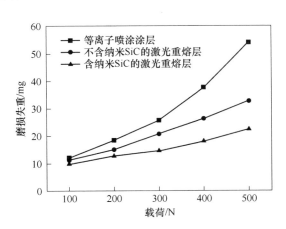

图 7-4 不同涂层磨损失重随载荷的变化曲线图

图 7-5 所示为不同涂层磨损之后的表面在扫描电子显微镜下的微观形貌图,由图可知,等离子喷涂涂层、激光重熔涂层和含纳米 SiC 的激光重熔涂层均受到

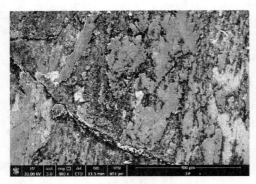
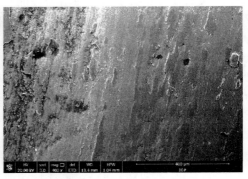

(a) 等离子喷涂涂层　　　　　　　　　　(b) 不含纳米SiC的激光重熔涂层

(c) 含纳米SiC的激光重熔涂层

图 7-5　不同涂层磨损之后表面微观形貌图

了不同程度的磨损，其中等离子喷涂涂层的表面磨损程度最高。由于等离子喷涂涂层典型的片层状结构和其表面粗糙度大的特点，在加载过程中，表面上的"凸点"在压力的作用下形成了金属黏着点，通过与对磨件的相对滑动，在较大的剪切力的作用下表面层发生断裂，材料呈片块状被剪切下来。另外，在等离子喷涂涂层的磨损形貌图上可以看到许多"凹坑"，这些"凹坑"中残留着许多磨屑，这代表涂层在摩擦磨损过程中产生反黏着的情况。从不含纳米 SiC 的激光重熔涂层的磨损形貌图中可以看到，涂层表面没有较大块的涂层脱落，且存在着明显的犁沟，这是因为涂层经激光重熔后，等离子喷涂涂层的片层状结构消失，表面粗糙度降低，表面硬度变大，涂层更加耐磨，对磨件表面的凸起在载荷的作用下与涂层上表面相对滑动而形成犁沟。而含纳米 SiC 的激光重熔涂层的磨损形貌上已经看不到涂层脱落的现象，表面相对平整，只是存在着更多细小的犁沟。这说明加入纳米 SiC 之后，使涂层具有更高的硬度和结合强度，涂层的耐磨性能变得更好。

7.3 本章小结

本章研究了纳米 SiC 对 Fe/WC 金属陶瓷涂层性能的改善作用，主要内容包括：

（1）涂层经激光重熔之后涂层表面及截面的显微硬度值都得到了增加，同时，重熔时加入纳米 SiC 可以使涂层的显微硬度较不加纳米 SiC 的重熔层更高。且随着纳米 SiC 含量的增加，涂层表面以及截面的显微硬度也随之增加。另外，显微硬度沿着重熔层表面向内部方向逐渐降低。

（2）涂层经激光重熔之后涂层表面的摩擦系数降低，磨损的失重量降低，且能改善等离子喷涂涂层的黏着磨损现象，耐磨性能提高。同时重熔时加入纳米 SiC 能够使重熔层的抗磨损能力变得更好。

8 基于正交试验的激光重熔工艺参数的优化

8.1 引言

等离子激光重熔涂层质量的好坏除了受喷涂材料的种类和性能的影响外，其制备过程工艺参数的影响也是至关重要。许多工艺过程中的因素都会影响激光加工过程中材料表面晶粒尺寸的大小、晶核的形成及孔隙率等，从而决定了重熔层的综合质量及性能。有研究表明，当激光功率变化时，激光熔覆层内的晶格尺寸会受较大的影响，磨损试验中材料的摩擦系数的波动范围也会受激光功率的影响；当激光功率增大时，基体中的某些元素对涂层的稀释作用会更加严重，涂层的硬度也会发生很大变化。成诚等研究了激光功率对 WC/Ni 复合陶瓷晶粒演变的影响，发现当功率增加到某一值时，晶粒体积反而增大；WC 颗粒分解而生成 Fe/C 化合物，从而降低了涂层的硬度。A. García 等研究了激光扫描轨迹和重熔面积大小对激光重熔 NiCrBSi 涂层耐磨性能的影响。结果发现，激光扫描轨迹对涂层磨损率的影响甚小，当重熔面积率为 46% 时涂层表现出最好的耐磨性能。刘敬福等利用激光熔覆技术在 45 钢表面制备了 TiC/Ni 陶瓷复合涂层，研究了该涂层的组织与耐磨性能在不同扫描速度下的变化规律。结果表明，当扫描速度为 5mm/s 时，涂层的磨损率被降到了最低值 0.12mg/mm^2，表现出了最佳的耐磨性能，且 TiC 陶瓷颗粒均匀地分布在涂层的熔覆区和热影响区。

等离子喷涂涂层的半熔化状态的喷涂颗粒能否熔化取决于涂层表面吸收激光能量的多少，而喷涂颗粒的熔化与否决定着涂层的质量。扫描速度决定着涂层单位面积在一定时间内吸收激光能量的多少，进而影响涂层的金相组织的变化和涂层的力学性能。激光重熔的工艺参数众多，若将各参数逐个组合来制备性能优良的重熔涂层则会带来巨大的工作量，试验效率低下。

本章首先探讨激光功率和扫描速度对重熔涂层组织及性能的影响规律；然后，通过正交试验对激光重熔工艺参数进行优化，这对如何制备高性能的等离子激光重熔涂层具有至关重要的指导意义。

8.2 激光功率对重熔涂层组织与耐磨性能的影响规律

8.2.1 激光重熔涂层的制备方法

重熔工艺参数为：激光功率（P）分别取 600W、800W、1000W、1200W、

分别标记为 N1 涂层、N2 涂层、N3 涂层、N4 涂层，扫描速度 150mm/min，光斑直径 1.5mm，扫描轨迹为圆形，搭接率为 10%，保护气体为氩气。激光重熔时添加的硬质陶瓷相是平均粒径为 40nm 的纳米 SiC 粉末。将纳米 SiC 粉末用无水乙醇调成糊状并均匀涂覆在等离子涂层表面，厚度为 1.0 ~ 1.2mm；然后放在真空干燥箱中 100 ~ 120℃的环境下烘干 1.5h 固化，出箱后精整外形之后进行试验。表 8-1 为磨损试验的具体试验参数。磨损试验后称重时，每次试验中取 3 次称量值的平均值作为最终磨损量。

表 8-1　磨损试验参数

温度/℃	载荷/N	转速/r·min⁻¹	时间/min
25	100	160	60

8.2.2　激光功率对重熔涂层组织的影响规律

图 8-1 为利用不同激光功率制备的重熔涂层的宏观形貌。可以看到，激光功

(a) N1涂层　　　　　　　　　　(b) N2涂层

(c) N3涂层　　　　　　　　　　(d) N4涂层

图 8-1　激光重熔涂层的宏观形貌

率不是越大越好，重熔涂层的宏观形貌随着激光功率的变化产生了很大的差异：激光功率为1200W的重熔涂层表面出现了肿瘤状的凸起，这是功率过大造成的过烧现象，不利于硬质陶瓷颗粒WC的熔化，且可以推断其涂层与基体间的结合强度也较低，容易出现脱落现象；激光功率为1000W的重熔涂层表面出现了泪珠状的熔滴，表面比较粗糙；激光功率为800W的重熔涂层表面较功率为1000W的平整，但仍可以看到部分区域有微凸起，这可能是因为部分区域的熔池深度较大，热影响区延伸至基体，部分基体被稀释；激光功率为600W的重熔涂层表面最为平整，且具有金属光泽。

　　图8-2为利用四种不同激光功率制备的重熔涂层的截面形貌。由图可知，涂层与基体结合界面的厚度随激光功率的增加而依次递减，激光功率为600W和800W的重熔涂层组织较激光功率为1000W和1200W更加致密。如图8-2（a）所示，激光功率为600W的重熔涂层与基体结合处呈现出一条明显的孔隙带，结合图8-3其元素能谱图进行分析可知，这是因为600W的功率不足以熔融整个涂层，在涂层与基体结合处残留了大量的未熔纳米SiC粉末。如图8-2（b）所示，激光功

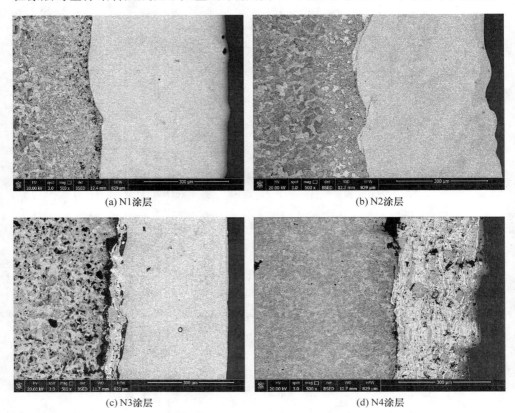

(a) N1涂层　　　　　　　　　　　　　　　(b) N2涂层

(c) N3涂层　　　　　　　　　　　　　　　(d) N4涂层

图8-2　四种不同激光功率下重熔涂层的截面形貌

率为 800W 的重熔涂层中，组织均匀致密，涂层与基体的结合界面处没有空隙和未熔颗粒，结合方式因为发生了元素转移而转化成为冶金结合。如图 8-2（c）所示，功率为 1000W 的重熔涂层与基体未能产生良好的结合，存在较大的缝隙，但涂层的组织较均匀。如图 8-2（d）所示，功率为 1200W 的重熔涂层中存在大量微孔隙，涂层与基体不是冶金结合；片层状结构明显，白色带状的 WC 颗粒均匀分布在涂层中，这是因为该区域可能是发生肿瘤状凸起的部位，等离子喷涂涂层在不均匀的激光能量密度下未能熔化所致。涂层中保留了更多的硬质陶瓷相更有利于提高涂层的耐磨性能，较低的激光功率虽然能保留大部分陶瓷相，但因为热膨胀系数的巨大差异导致涂层与基体高温热对流弱，不利于等离子喷涂涂层中孔隙的释放；功率过大时，加强了基体的稀释作用，使重熔强化层的厚度减小。因此，激光功率并不是越大越好，在其他工艺参数一定的情况下，应该会有一个最佳的激光功率值。观察和分析几种涂层截面显微形貌可以判断，激光功率为 800W 的重熔涂层可能会更符合提高涂层耐磨性能的要求。

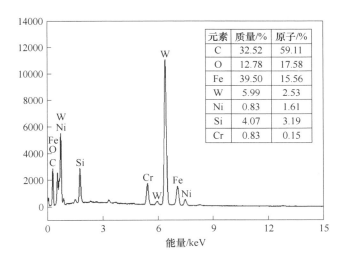

元素	质量/%	原子/%
C	32.52	59.11
O	12.78	17.58
Fe	39.50	15.56
W	5.99	2.53
Ni	0.83	1.61
Si	4.07	3.19
Cr	0.83	0.15

图 8-3　图 8-2（a）中涂层与基体结合处的黑色带状物的能谱图

图 8-4 为功率为 800W 时涂层与基体界面处的元素线扫描结果。由图可知，在激光重熔的作用下，Si 元素和 W 元素均扩散到了基体中，且在涂层中分布均匀。重熔涂层中主要物相是 γ-(Fe,Ni) 固溶相、硬质相 FeSi、SiC 及 M_7C_3 等，其中 M_7C_3 是指 $(Cr,Fe,Ni)_7C_3$ 等碳化物。

图 8-5 为利用不同激光功率制备的激光重熔涂层截面显微硬度的变化曲线。由图可见，当激光功率为 800W 时，涂层的硬度比较稳定，硬度值在 HV1600 上下波动；当激光功率为 600W 时，涂层的显微硬度值仅稍低于功率为 800W 的；激光功率为 1000W 的重熔涂层显微硬度值变动幅度较大，且其重熔强化层的

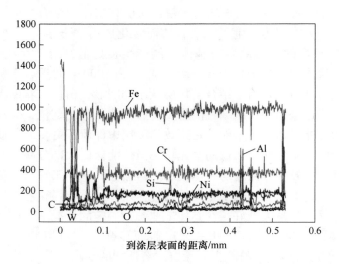

图 8-4　功率为 800W 的重熔涂层与基体界面处的元素线扫描

厚度比前两者小；激光功率为 1200W 的重熔涂层显微硬度值的平均值最小，波动幅度在几种涂层中是最大的，重熔强化层的厚度最小，这是由于产生过烧现象区域的等离子喷涂层被破坏，显微硬度较小，而有些区域熔池形成的较深造成的。

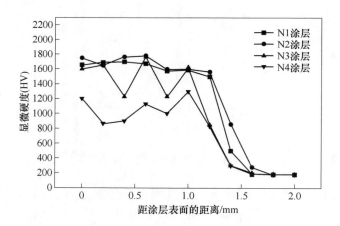

图 8-5　不同激光功率重熔涂层的显微硬度

8.2.3　激光功率对重熔涂层耐磨性能的影响规律

图 8-6 为几种不同功率重熔涂层的磨损失重曲线图。激光功率为 600W 和 800W 的重熔涂层的磨损失重曲线斜率较激光功率为 1000W 和 1200W 的重熔涂

层的小，这说明在一定的范围内，选取较小的激光功率可以制备出硬度值较高的重熔涂层。

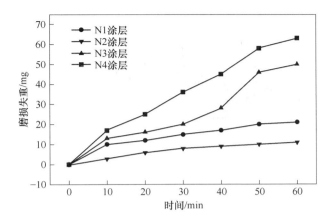

图 8-6　重熔涂层的磨损失重曲线图

对比分析 4 种不同激光功率下的重熔涂层磨损失重曲线可知，当激光功率为 1000W 和 1200W 时，涂层的磨损失重基本随磨损的进行而成线性增长，尤其是磨损初始阶段，磨损失重增加最快，中间阶段趋于平稳，质量磨损率（磨损曲线的斜率）约为 1.1，这符合摩擦磨损的时变规律。功率为 800W 的重熔涂层的质量磨损率约为 0.43，该重熔涂层的耐磨性能显著优于前两者。这主要归因于功率为 800W 时涂层中适量的陶瓷相在高温作用下分解，原位生成了碳化物 M_7C_3 和 FeSi 等，弥散分布于奥氏体晶间，涂层组织更加致密，提高了涂层的耐磨性能。功率为 600W 的重熔涂层的质量磨损率与功率为 800W 的重熔涂层的几乎相等，但在相同时间内其磨损量大于功率为 800W 重熔涂层的。

图 8-7 为利用几种不同激光功率制备的重熔涂层的摩擦系数随时间变化的曲线图。可以看到，激光功率为 600W、800W、1000W 及 1200W 的 4 种涂层的平均摩擦系数依次为 0.81、0.22、0.11、0.43。其中，激光功率为 1200W 的重熔涂层的摩擦系数始终保持最大，且在整个摩擦过程中波动范围也最大；激光功率为 1000W 的重熔层摩擦系数在 0~100s 期间较小，随后摩擦系数开始增大，并且波动较大；功率为 800W 的重熔涂层摩擦系数最低，而且曲线平稳，说明其表现出了优良的耐磨性能；功率为 600W 的重熔涂层摩擦系数在开始的 0~20s 内基本跟 1000W 的相同，随后稳定在 0.2 左右。

结合 4 种重熔涂层表面的宏观形貌分析可得，激光功率为 1200W 的涂层的摩擦系数曲线变化趋势主要是由其黏着磨损中涂层材料脱落而引起的韧性断裂及摩擦副咬死造成的。功率为 1000W 的重熔涂层摩擦系数曲线变化趋势说明该涂层在其疲劳磨损过程中的应力集中效应和表面疲劳现象的随机性引起的。功率为

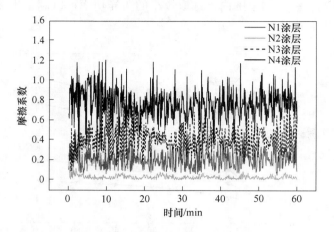

图 8-7　摩擦系数随时间的变化曲线

800W 的重熔涂层摩擦系数曲线变化趋势说明，该功率下的硬质陶瓷相 WC 和 SiC 能够很好地均匀地分布于涂层中，改善涂层的耐磨性能。功率为 600W 的重熔涂层摩擦系数曲线变化趋势说明摩擦开始时对偶摩擦件的微凸起在法向载荷作用下压入涂层时引起的摩擦振动所致。

　　图 8-8 为几种不同功率重熔涂层的磨损形貌图。由图 8-8(a)可见，激光功率为 600W 的重熔涂层磨损表面不均匀地分布着沟纹和擦伤，同时可以发现有少许点蚀，所以其磨损方式是磨料磨损和点蚀的复合磨损。相比激光功率为 1200W 的重熔涂层，其表面较为平滑，没有脱落坑等现象的出现，则耐磨性能有所提高。由图 8-8(b)可见，激光功率为 800W 的重熔涂层磨损表面仅出现了一些轻微的划痕和少量的氧化物。由图 8-8(c)可见，功率为 1000W 的重熔涂层磨损表面出现了微裂纹和点蚀的现象，可以判断是疲劳磨损。这是因为涂层中存在两种硬质陶瓷相 WC 和 SiC，而纳米级的 SiC 容易聚集，在激光重熔时在熔池内聚集，导致凝固后的涂层硬度不均匀，在硬度较低处因为交变应力作用而导致裂纹萌生。另外，以共价键结合的 SiC 虽然硬度高，但质脆，在循环交变载荷作用下容易诱发裂纹的产生。由图 8-8(d)可看到，激光功率为 1200W 重熔涂层的磨损表面有大量的锥刺、脱落坑，非常粗糙，是典型的黏着磨损。这是因为其表面大部分区域是未熔的等离子喷涂涂层，摩擦过程中循环接触载荷作用于涂层，使其亚表层产生较高的接触应力和循环应力，而等离子喷涂层中存在大量的孔洞、粒子间以机械结合为主，链接强度较低，所以在以上应力的作用下片层状结构和未熔颗粒脱落。

　　由于摩擦磨损是一个复杂的系统过程，可以利用接触力学的理论模型来讨论上述磨损机理。如图 8-9 所示，假设对磨件上的微凸起都是圆锥状的。

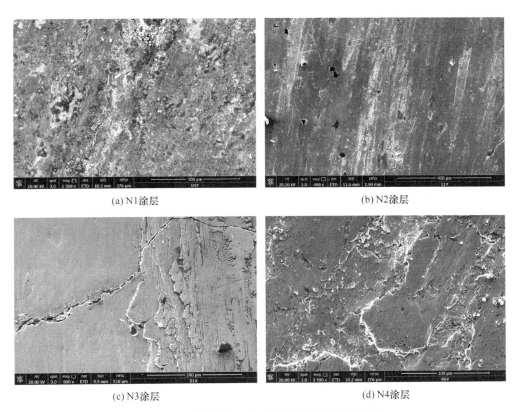

(a) N1涂层　　　　　　　　　　　　(b) N2涂层

(c) N3涂层　　　　　　　　　　　　(d) N4涂层

图 8-8　不同激光功率重熔涂层的磨损形貌图

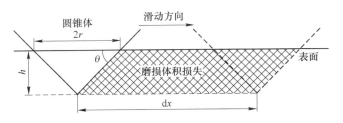

图 8-9　摩擦磨损的简化模型图

　　根据微积分的原理，整个对磨件由无数多个微小单个微凸起组成，每个微小单元在法向载荷 F_N 作用下的情况可以与金属材料硬度 σ_0 的定义有联系：

$$F_N = \sigma_0 \pi r^2 \tag{8-1}$$

　　圆锥压入材料中的截面面积为 rh，对于微分单元 dx，圆锥磨掉的微分单元 dV 为：

$$dV = rh dx = r^2 \tan\theta dx = \frac{F_N \tan\theta dx}{\pi \sigma_0} \tag{8-2}$$

　　这里做粗略的计算，将该体积等同于材料磨损残片的体积。以被磨损掉的体积与磨损行程的比值作为体积磨损率：

$$\frac{\mathrm{d}V}{\mathrm{d}x} = \frac{F_N \tan\theta}{\pi\sigma_0} \tag{8-3}$$

　　所有微凸起磨损掉的磨损残片体积总和为：

$$V = \frac{F_N \overline{\tan\theta}}{\pi\sigma_0} \tag{8-4}$$

式中，$\overline{\tan\theta}$为微凸起的 $\tan\theta$ 的加权平均值。该方程可以简写为（磨损系数 K_{abr} 代表磨损残片的形状）：

$$V = \frac{K_{abr}F_N}{\sigma_0}x \tag{8-5}$$

　　由以上分析可得，被磨损掉的残片的总体积随着法向载荷的增加而增加，随着材料硬度的增加而减小。所以，结合前面图 8-6 磨损失重曲线分析得到，激光功率为 1200W 的重熔涂层硬度最低，利用激光功率为 800W 制备的激光重熔涂层的显微硬度值最高。

8.3　扫描速度对重熔涂层组织与耐磨性能的影响规律

8.3.1　激光重熔涂层的制备方法

　　激光重熔工艺参数为：激光功率 600W，光斑直径 1.5mm，搭接量为 10%，扫描速度（v）为 100mm/min、150mm/min、200mm/min、250mm/min，并分别标记为 N1 涂层、N2 涂层、N3 涂层、N4 涂层。表 8-2 是磨损试验的具体试验参数。

表 8-2　磨损试验参数

温度/℃	载荷/N	转速/r·min^{-1}	时间/min
25	100	160	60

8.3.2　扫描速度对重熔涂层组织的影响规律

　　图 8-10 为在 4 种不同扫描速度作用下的激光重熔涂层的宏观形貌。从图中可以看到，4 种重熔涂层表面均具有明显的金属光泽，表面基本光滑。但因为激光扫描速度不同，各重熔涂层又存在较大的差异：N1 涂层的重熔轨迹基本消失，搭接率较高，这是该涂层在较低的激光扫描速度下吸入了大量激光能量熔融程度较高所致；N2 涂层的表面最为平整，基本无缺陷；N3 涂层的表面开始出现极少量的圆凸起，这是激光扫描速度的增大导致局部熔融不透彻引起的；N4 涂层的

表面存在大量的根瘤和气泡孔，这是激光扫描速度过大，单位时间内表面材料吸收的能量减少，导致激光提供的能量仅仅被最表层的材料吸收而基体几乎不被熔化，形成了连续的的泪珠状团聚物。

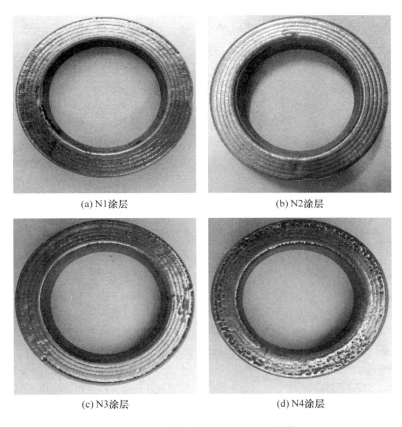

(a) N1涂层　　　　　　　　　　　(b) N2涂层

(c) N3涂层　　　　　　　　　　　(d) N4涂层

图 8-10　激光重熔涂层的宏观形貌

　　图 8-11 为 4 种重熔涂层的截面形貌。由图可见，等离子喷涂涂层原来存在的未熔化和半熔化状态的喷涂颗粒已经被完全熔化，包括 WC 颗粒在内，完全消失了。重熔涂层的截面形貌主要取决于 G/R 比值（其中，G 为固体/液体金属截面之间的实际温度梯度，R 为固化速率）。基体与熔融区结合界面处的 G/R 比值非常高，这种高比值会导致界面处产生平面凝固，在涂层与基体间形成一条白色凝固带。白色凝固带越明显，则表示涂层与基体的结合状态越好，涂层被熔化的程度也就越高。可以看到，$v = 100\mathrm{mm/min}$ 和 $v = 150\mathrm{mm/min}$ 的涂层的白色凝固带比较明显，且 $v = 150\mathrm{mm/min}$ 的涂层的白色凝固呈平滑弧形，形成了良好的冶金结合。$v = 200\mathrm{mm/min}$ 的涂层的白色凝固带不如 $v = 100\mathrm{mm/min}$ 和 $v = 150\mathrm{mm/min}$ 涂层的明显，涂层与基体间有明显的分界线，形成了咬合强度不高的冶金结

合。N4 涂层的熔化和再结晶质量最差，涂层与基体的结合处还留存有许多未熔颗粒，这是因为激光没有将该涂层熔透，只限于部分表面材料被熔化，这与图 8-10 中对 N4 涂层宏观形貌的分析相对应。

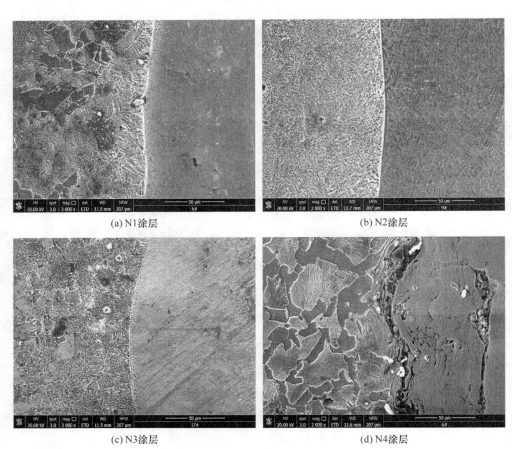

(a) N1涂层　　　　　　　　　　　　　　　　(b) N2涂层

(c) N3涂层　　　　　　　　　　　　　　　　(d) N4涂层

图 8-11　4 种重熔涂层的截面形貌

图 8-12 为 4 种重熔涂层熔覆层区的金相图。分析可知，在 100~150mm/min 范围内，扫描速度较低，激光能量吸收率较高，涂层的冷却速度较慢，其熔覆区能吸收到大量热量，熔融持续时间较长，重熔层内的晶泡有足够的时间长大，故晶格体积较大且数量少，则显微组织粗大。N1、N2 涂层的熔覆区金相发生了不同程度的晶格畸变，呈近似"鱼骨状"。当扫描速度在 200~250mm/min 范围内时，熔覆区因为较快的扫描速度而发生了快速熔化和凝固的变化，温差的变化较大，导致了晶核的大量生长，晶格数量较多。晶粒细化后的重熔涂层内部枝晶间距减小，所以 N3、N4 涂层的显微组织较密集。

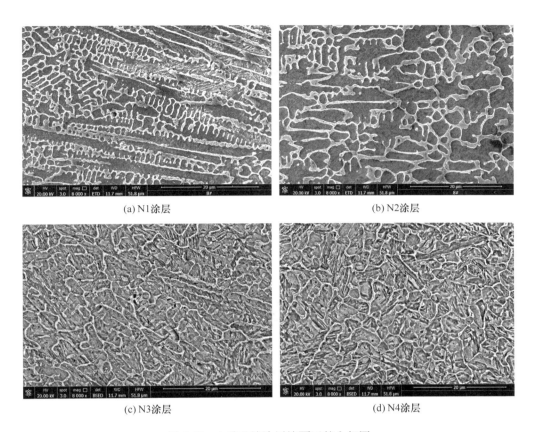

(a) N1涂层

(b) N2涂层

(c) N3涂层

(d) N4涂层

图 8-12　4 种重熔涂层熔覆区的金相图

图 8-13 为 4 种不同激光扫描速度下的重熔涂层截面硬度分布曲线。由图可见：当扫描速度在 100~250mm/min 之间时，重熔涂层的显微硬度值先增大后减小，同时熔池的深度逐渐减小。当扫描速度较低，即在 100~150mm/min 时，激光加热时间较长，涂层的强化方式主要是固溶强化。涂层中的主要元素 Fe 和 Cr 的原子大小相似，在高温下生成置换固溶体，使点阵产生储存有畸变能的应力场。当发生位错时，该应力场与其产生交互作用，从而使位错受到束缚，涂层得到了强化。当扫描速度较高，即在 200~250mm/min 时，激光加热涂层的速度快，然后快速的冷却使得过冷度较大，熔池中的合金元素形成了各种化合物，晶核的生长速度快，最后形成了大量的细小显微组织。重熔涂层的强化方式主要是细晶强化，理论上硬度会随扫描速度的增加而增大。但是，加热时间短，涂层吸收的能量不足，激光束与等离子喷涂层表面的交互作用产生的细晶粒强化作用较弱，重熔涂层的硬化层深度不够，等离子喷涂涂层中保留了较多的未熔化颗粒的堆积结构，因此硬度会降低。

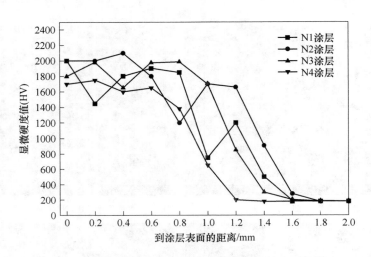

图 8-13　激光重熔涂层的显微硬度

由图 8-13 还可以看到，重熔涂层的显微硬度值分布曲线分别对应于熔池的熔覆区、热影响区和基体。热影响区因为靠近上面的熔覆区，受高能密度激光的影响较显著，其温度会达到奥氏体临界温度，所以其硬度得到了一定的提升。基体材料距离激光较远且散热快，能量吸入率很低，其组织得不到改变，故其硬度不变。在硬化层范围内，N3 涂层的平均硬度高于 N2 涂层的。与此同时，由图可以看出，涂层的厚度较等离子喷涂层增加了约 0.4mm。这是因为在高能激光作用下，涂层与基体形成了冶金结合而融为一体。

8.3.3　扫描速度对重熔涂层耐磨性能的影响规律

图 8-14 为不同激光扫描速度下重熔涂层的磨损失重变化图。由图可见，随着激光扫描速度由 100～250mm/min 之间变化，激光重熔涂层的磨损量呈先减小后增大的趋势，尤其是在激光扫描速度为 150mm/min 和 250mm/min 时磨损率分别达到最低和最大值。这是因为随着扫描速度的增大，重熔涂层内部枝晶尺寸及晶间距减小，组织得到明显的细化，同时基体对涂层的稀释率也降低，导致显微硬度提高了，改善了涂层的耐磨性；而当扫描速度为 250mm/min 时，则导致涂层得不到完全熔化，组织没有得到快速熔化和再结晶，妨碍了硬度和耐磨性能的提高。

图 8-15 为 4 种具有不同激光扫描速度的重熔涂层的摩擦系数-时间变化曲线图。可以看到，N1 重熔涂层和 N2 重熔涂层的摩擦系数均小于 N3 重熔涂层和 N4 重熔涂层。这是由于 N3 涂层和 N4 涂层的激光扫描速度较 N1 涂层和 N2 涂层的大，在较大的扫描速度下涂层未被完全熔化，不利于固溶强化作用的产生。另

外，N4 涂层的摩擦系数最大，且波动幅度大，N3 涂层则仅次于 N4 涂层。这是因为该涂层扫描速度过大，涂层吸收能量太少，涂层表面的根瘤及泪珠状团聚物增加了摩擦阻力。而 N1 涂层和 N2 涂层因为激光扫描速度低吸收了足够的能量，使等离子喷涂层内发生了再结晶有大量硬质陶瓷相析出，所以其摩擦系数较低。

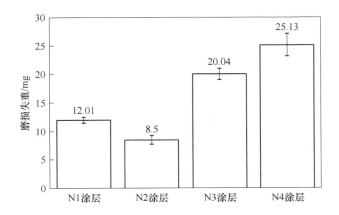

图 8-14　重熔涂层的磨损失重变化图

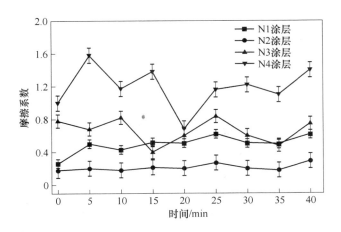

图 8-15　激光重熔层的摩擦系数变化曲线

图 8-16 为 4 种不同扫描速度下激光重熔涂层磨损表面的 XRD 谱图。可以看到，4 种激光重熔涂层磨损表面的主要物相均为 WC、W_2C、M_7C_3、α-(Fe，Ni)、$M_{23}C_6$、$(Cr,Ni)_3Si$ 等。具有高温的激光束使 WC 颗粒发生分解：$WC \rightarrow W + C$，$2W + C \rightarrow W_2C$，分解出来的 C 原子会跟其他元素生成具有立方结构的 M_6C 型碳

化物。例如，熔化的 WC 和 Fe、Ni 则生成 $(Fe, Ni)_6C$，且其弥散程度很高。W_2C 具有尺寸很小密排六方结构，分布在涂层材料晶格间的缝隙中，起弥散强化作用。M_7C_3 是尺寸较大的碳化物（约 $0.5\mu m$），具有正交结构，是熔点和硬度很高的硬质强化相。$M_{23}C_6$ 是尺寸较小的碳化物（约 $0.1 \sim 0.2\mu m$），具有面心立方结构。由图还可以看到，激光扫描速度由 100mm/min 到 250mm/min 时，重熔涂层的晶粒尺寸先减小而后增大，在扫描速度为 150mm/min 时达到最小值。

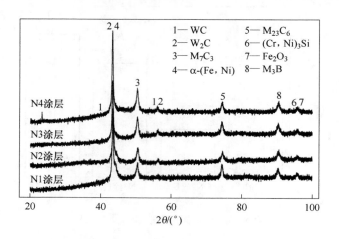

图 8-16　激光重熔涂层磨损面的 XRD 谱图

图 8-17 为利用 4 种不同激光扫描速度制备的重熔涂层的磨损表面显微形貌。由图 8-17（a）可以看到，N1 涂层的磨损表面出现脱落块，并且有微裂纹，其磨损机理是黏着磨损和疲劳磨损的混合。微裂纹的产生是因为其激光扫描速度过慢，涂层吸收的能量过多，而生成的硬质陶瓷相如 M_7C_3、$M_{23}C_6$、$(Cr, Ni)_3Si$ 等跟基体材料的热膨胀系数差值很大，导致涂层内部的温度梯度过大，陶瓷材料在高温下发生脆裂所致。由图 8-17（b）可以看到，N2 涂层的磨损表面非常粗糙，并伴随有材料的转移而造成的脱落块，这说明表层材料发生了韧性断裂，其磨损机理是黏着磨损。由图 8-17（c）可以看到，N3 涂层的表层材料大量脱落，较 N2 涂层多，且脱落层较深，暴露出了其亚表层。由图 8-17（d）可以看到，N4 涂层的磨损表面分布着沟纹、少量脱落层及擦伤，这是典型的磨粒磨损。除此之外，N4 涂层磨损表面上还出现了凹坑，这可能是激光扫描速度过大，等离子喷涂层的局部区域未被熔化，与周围的材料不是冶金结合，只是简单的机械结合。图 8-17（e）是图 8-17（d）中凹坑的放大图，可以看到其磨损亚表层仍残留有等离子喷涂层的片层状结构和微颗粒堆积结构，这是 N4 涂层过大的激光扫描速度使得等离子喷涂层来不及熔化和再结晶而导致的。

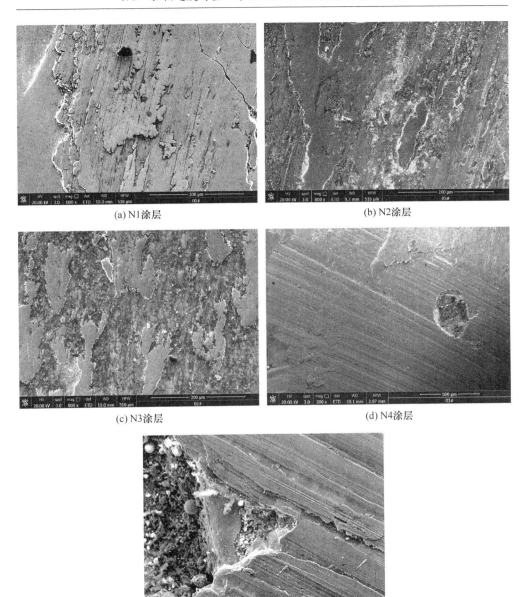

(a) N1涂层

(b) N2涂层

(c) N3涂层

(d) N4涂层

(e) N4涂层凹坑的放大图

图 8-17　不同激光扫描速度下的重熔层的磨损形貌

　　图 8-18 为 N4 涂层上凹坑产生的物理模型图。从弹塑性力学的角度讲，微小凹坑的产生是涂层表面材料发生塑性变形的结果，属于黏着磨损范围。根据 Archard 的黏着磨损理论，可以用下列模型来分析微小凹坑产生的原因。

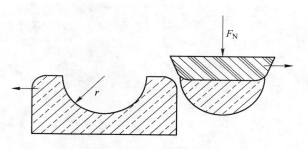

图 8-18　黏着磨损的物理模型

假设磨销上的微凸起与涂层之间的摩擦接触区域的截面是以 r 为半径的圆，且其磨屑都是半球形的，则每个接触区域的截面面积为 πr^2。此处摩擦产生的区域是塑性接触状态，则法向载荷为：

$$F_{\text{N}} = \pi r^2 \sigma_{\text{s}} \tag{8-6}$$

当磨销移动的位移为 $2r$ 时，磨损体积为 $\frac{2}{3}\pi r^3$，则其体积磨损度可以表达为：

$$\frac{\mathrm{d}W_{\text{V}}}{\mathrm{d}L} = \frac{\frac{2}{3}\pi r^3}{2r} \frac{F_{\text{N}}}{3\sigma_{\text{s}}} \tag{8-7}$$

由于部分磨屑的形状是球形的，所以引入磨损系数 K，且通常有 $3\sigma_{\text{s}} = H$，则上式可以写成：

$$\frac{\mathrm{d}W_{\text{V}}}{\mathrm{d}L} = K \frac{F_{\text{N}}}{H} \tag{8-8}$$

上式两边同时除以真实接触面积有：

$$\frac{\mathrm{d}W_{\text{V}}}{A_{\text{r}}} \frac{1}{\mathrm{d}L} = K \frac{F_{\text{N}}}{H} \frac{1}{H} \tag{8-9}$$

又因为磨损深度 $\mathrm{d}W_{\text{d}} = \dfrac{\mathrm{d}W_{\text{V}}}{A_{\text{r}}}$，压力 $P = \dfrac{F_{\text{N}}}{A_{\text{r}}}$，则上式可整理为：

$$\mathrm{d}W_{\text{d}} = K \frac{P \cdot \mathrm{d}L}{H} \tag{8-10}$$

对于整个磨损表面则有：

$$W_{\text{d}} = \sum \mathrm{d}W_{\text{d}} = \sum K \frac{P \cdot \mathrm{d}L}{H} = K \frac{P \cdot L}{H} \tag{8-11}$$

式中，L 为滑动位移；P 为表面压力；H 为材料硬度。

从式（8-11）可以看到，涂层表面的磨损深度跟滑动位移、表面压力及硬度有关。在摩擦试验中 4 种涂层磨损滑动位移 L 相同，N4 涂层的压力 P 最大；从各涂层硬度曲线图可以看到，4 种涂层中 N4 涂层的硬度最低，最容易产生凹坑。

所以，决定是否产生凹坑的因素是涂层硬度和其所受压力。

8.4　激光重熔的工艺参数优化

8.4.1　试验方法

进行激光重熔试验时，选择激光功率、扫描速度、光斑直径、搭接率及脉宽5个因素作为正交试验的主要因素，每个因素取个4水平，因素和水平详见表8-3。表8-4为正交试验表。

表8-3　正交试验的因素水平表

水平	激光功率/W	扫描速度/mm·min⁻¹	光斑直径/mm	搭接率/%	脉宽/ms
1	600	100	4	30	2.4
2	650	150	5	40	4.4
3	700	200	6	50	6.4
4	750	250	7	60	8.4

表8-4　正交试验表

序号	激光功率	扫描速度	光斑直径	搭接率	脉宽
1	1	1	1	1	1
2	1	2	2	2	2
3	1	3	3	3	3
4	1	4	4	4	4
5	2	1	2	3	4
6	2	2	1	4	3
7	2	3	4	1	2
8	2	4	3	2	1
9	3	1	3	4	2
10	3	2	4	3	1
11	3	3	1	2	4
12	3	4	2	1	3
13	4	1	4	2	3
14	4	2	3	1	4
15	4	3	2	4	1
16	4	4	1	3	2

表8-5为磨损试验的具体试验参数。磨损试验后，对试样进行称重，每个试样称重3次，并取3次结果的算术平均值作为最终的磨损量。

表 8-5　磨损试验参数

温度/℃	载荷/N	转速/r·min⁻¹	时间/min
25	100	160	60

8.4.2　极差分析

　　决定涂层质量的因素有很多，其中显微硬度的大小直接决定着涂层服役寿命的长短，而磨损量则是涂层耐磨性能的直观反映，故将激光重熔强化层的显微硬度和磨损量作为正交设计的评价指标。同时，为了保证显微硬度测量值的精确性，测量过程中沿着涂层厚度方向均匀地依次选取 10 个测量点，计算 10 次测量值的算数平均值，并将其作为本次试验的显微硬度值。用电子天平测磨损失重时，取每组试验的 3 次称量值的算术平均值作为最终磨损量。

　　采用不同重熔工艺参数组合制备的涂层的显微硬度和磨损量测量结果如表8-6 所示。采用不同的激光加工工艺参数组合能形成具有不同温度场和应力场的激光强化层，从而使得涂层表现出不同的力学性能和组织结构。同时，零部件表层材料的晶粒结构和物相成分在不同激光加工工艺参数下也会变化，比如当扫描速度较快时，晶核来不及长大会形成具有许多细小晶粒且结构致密的微观组织。再比如光斑直径和搭接率的大小直接决定着激光重熔表层的粗糙度和熔池的深度。图 8-19 为利用激光重熔处理等离子喷涂涂层后的表面放大图像。由图可以看到，光斑直径、脉宽及激光功率等激光加工参数对重熔涂层的质量影响很大。

表 8-6　正交试验表及综合性能评分表

序号	显微硬度（HV）	磨损量/mg	综合得分
1	1200	35.22	39.699
2	1000	31.2	25.334
3	1122	38.5	13.794
4	1203	34.32	43.936
5	1100	36.55	18.529
6	1230	30.22	65.319
7	1242	31.36	62.416
8	960	40.36	19.268
9	975	41.22	20.529
10	1230	38.25	31.689
11	1224	37.26	34.899
12	996	30.45	27.851

序号	显微硬度（HV）	磨损量/mg	综合得分
13	1210	32.2	53.906
14	1020	33.14	20.330
15	1245	42.16	17.654
16	1280	30.56	71.695

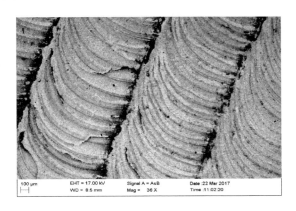

图 8-19　等离子激光重熔涂层表面的显微形貌

采用应用广泛、简单易行的极差分析法来处理正交试验的结果。同时，利用综合加权的方法来评价重熔涂层的综合性能，综合加权的方法可用以下公式来表达：

$$Y_i = m_{i1}n_{i1} + m_{i2}n_{i2} + \cdots + m_{ij}n_{ij} \tag{8-12}$$

式中，m_{ij} 代表指标系数；n_{ij} 代表指标的值；i 和 j 代表第 i 组试验的第 j 个指标值。假设两个试验评价指标的取值范围是 K_j，即最大值与最小值之差，则有：

$$K_1 = 1280 - 960 = 320，K_2 = 42.16 - 30.22 = 11.94$$

假设综合分数的满分是 100 分，则显微硬度和磨损量的满分都是 50 分，又因为磨损量越大涂层的综合性能越差，故两个指标系数分别为：$m_{i1} = 50/320 = 0.156$，$m_{i2} = -50/11.94 = -4.188$。

故由以上的分析结果可得各组试验的综合性能分数 Y_i 的表达式：

$$Y_i = 0.156 \times n_{i1} - 4.188 \times n_{i2} \tag{8-13}$$

综合评分结果如表 8-6 所示，与之对应的极差分析所得结果如表 8-7 所示。由表中对综合评分的极差分析结果可知，5 个因素对重熔涂层综合性能影响程度的主次顺序为：光斑直径、脉宽、激光功率、扫描速度、搭接率。有资料表明，光斑直径决定了激光功率密度的大小和加工范围，进而影响材料表面能量分布的变化，是影响激光加工效率的重要因素，且当光斑直径增大时涂层材料对基体的稀释率和烧蚀率会增大。脉宽是一定时间内激光电流的大小，这就决定了材料表层材料所受能量是否均匀，从而决定了激光重熔涂层的表面质量，且当激光脉宽过小时会产生激光功率密度极高的脉冲峰值而使材料的局部位置发生过烧现象。激光功率决定了材料吸收激光能量的多少，当激光功率增加时，材料接收能量较多，则可以实现快速熔化，熔池的尺寸也较大，产生气孔和裂纹的概率也会增加，晶粒粗大。扫描速度能决定材料的金相组织，当扫描速度较大时，受热材料会经历一个骤热骤冷的过程，此时晶核来不及生长，便产生了数量众多的晶粒，晶粒得到了细化，材料的显微硬度会得到提高。搭接率时决定重熔涂层粗糙度的重要参数，当搭接率过小时会造成重熔涂层内部融合不良的现象，搭接率过大时会引起重熔涂层残余应力的叠加和对裂纹的敏感性增加，从而影响重熔涂层整体的均匀性。

表 8-7　极差分析表

项目	因　素					影响顺序	最优方案
	激光功率（A）	扫描速度（B）	光斑直径（C）	搭接率（D）	脉宽（E）		
显微硬度							
1	4525	4485	4934	4458	4636		
2	4532	4480	4341	4394	4497		
3	4425	4833	4077	4732	4558	CBDAE	$A_4 B_3 C_1 D_4 E_1$
4	4755	4439	4885	4653	4547		
R	330	394	857	338	139		
磨损量							
1	139.24	145.19	133.26	130.17	155.99		
2	138.49	132.81	140.36	141.02	134.34		
3	147.18	149.28	153.22	143.86	131.37	ECDBA	$A_3 B_3 C_3 D_4 E_1$
4	138.06	135.69	136.13	147.92	141.17		
R	9.12	16.7	19.96	17.75	24.62		
综合评分							
1	122.763	132.663	211.612	150.296	108.31		
2	165.532	142.672	89.368	133.407	179.974		
3	114.968	128.763	73.921	135.707	160.87	CEABD	$A_2 B_4 C_1 D_1 E_2$
4	163.585	162.75	191.97	147.438	117.694		
R	50.564	33.987	137.691	16.889	71.664		

　　通过上述正交试验的分析，得到的最优激光重熔工艺参数为：激光功率650W、扫描速度250mm/min、光斑直径4mm、搭接率30%、脉宽4.4ms。

8.4.3 验证试验

利用上述优化工艺参数来对等离子喷涂涂层进行激光重熔试验，验证该工艺条件下制备的重熔涂层的显微硬度和磨损量的综合得分是否为最高的。结果显示，重熔涂层的平均显微硬度为 HV1266，磨损量为 29.45mg，则其综合评分为 $Y = 0.156 \times 1266 - 4.188 \times 29.45 = 74.156$。同表 8-6 和表 8-7 进行比较可知，采用正交优化后的工艺参数制备的重熔涂层的具有较高的显微硬度和较小的磨损量，且其综合性能最佳。

图 8-20(a) 为优化后工艺参数制备的重熔涂层与优化前的 2、6、10、14 号试

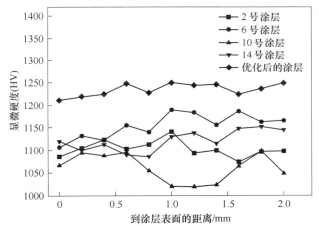

(a) 优化后的涂层与2、6、10、14号涂层的显微硬度分布

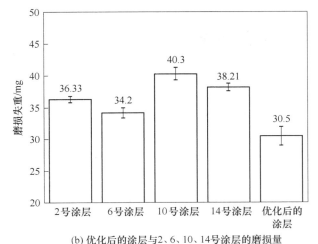

(b) 优化后的涂层与2、6、10、14号涂层的磨损量

图 8-20 优化前后涂层显微硬度和磨损失重的对比

验涂层的显微硬度值的比较。由图看到，优化工艺制备的涂层沿涂层厚度方向上的显微硬度浮动范围较小，且平均值较优化前高。图 8-20（b）为优化后工艺参数制备的涂层与优化前的 2、6、10、14 号试验的磨损失重的比较。由图可知，采用优化的激光重熔工艺参数制备的重熔涂层的磨损失重最小，仅为 30.5mg。这说明正交优化后，重熔涂层的耐磨性能得到了显著的提高。

　　图 8-21 为参数优化后的重熔涂层的表面和截面形貌。由图 8.21（a）可以看到，整个等离子激光重熔表面分为完全熔融部分 FM（Fully melted region）和部分熔融部分 PM（Partially melted region）。完全熔化区是激光重熔过程中处于光斑直径范围内的被熔化的区域，该区域因为接受大量的激光能量而熔化较为完全。部分熔化区是激光束之间的区域，因为不处于光斑直径范围内，所以熔化不完全，表面往往分布着未熔化的颗粒，且较为粗糙。一般地，搭接率越低不完全熔化区面积则越大，这不利于制备组织致密均匀的重熔强化层。由图 8-21（b）可以看到，优化参数后重熔涂层与基体间结合紧密，在高能激光束的作用下，涂层与基体的结合方式是抗拉强度更大的冶金结合。激光重熔涂层内几乎没有空隙和裂纹出现，且其组织致密。

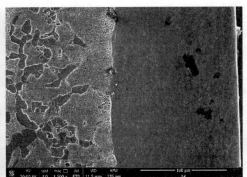

(a) 表面　　　　　　　　　　　　　　　　(b) 截面

图 8-21　优化工艺后等离子激光重熔涂层的表面和截面形貌

　　图 8-22 为第 2、6、10、14 号试验和工艺优化后重熔涂层的磨损表面形貌。由图 8-22（e）可以看到，工艺优化后的重熔涂层磨损表面仅仅存在轻微的划痕，没有材料的转移和脱落；同其他磨损表面相比，该工艺优化后的重熔涂层具有最佳的耐磨性能。由图 8-22（a）~（d）看到，2、6、10、14 号试验的重熔涂层磨损表面出现了不同程度的块状材料的脱落和较深的划痕，可以判断其表层存在较大的循环内应力，磨损机理为黏着磨损或磨粒磨损。因此，采用经过交试验设计优化的工艺参数制备的重熔涂层的耐磨性能得到了提高，涂层的综合性能得到了改善。

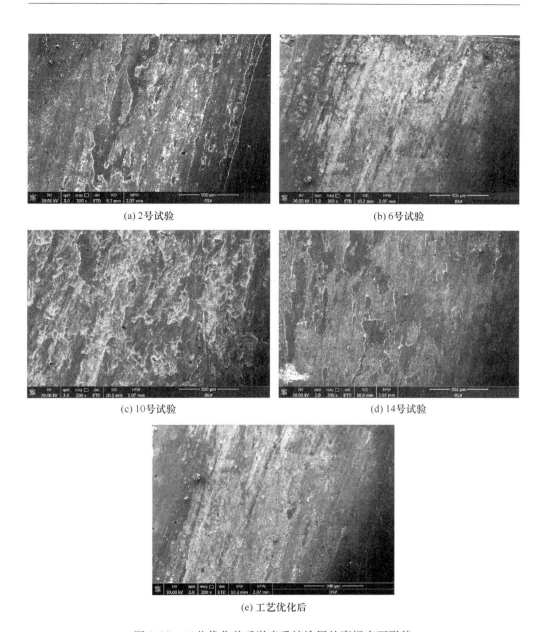

（a）2号试验 （b）6号试验

（c）10号试验 （d）14号试验

（e）工艺优化后

图 8-22　工艺优化前后激光重熔涂层的磨损表面形貌

8.5　本章小结

（1）激光功率为 800W 的激光重熔涂层的显微硬度最高，耐磨性能最好，激光重熔使涂层与基体间发生了元素转移。

　（2）扫描速度能影响重熔涂层的 G/R 比值。当扫描速度为 150mm/min 时涂层与基体的结合最为完好，且其具有最优异的耐磨性能。

　（3）最优的激光重熔工艺参数是激光功率 650W、扫描速度 250mm/min、光斑直径 4mm、搭接率 30%、脉宽 4.4ms；采用正交优化后的工艺参数制备的重熔涂层的显微硬度值为 HV1266，磨损量为 29.45mg。

9 激光重熔对等离子喷涂 WC/Fe 涂层耐磨性能的改善

9.1 引言

等离子喷涂是一种制备具有耐磨、绝缘及隔热等特殊性能涂层的高效的涂层技术，已经广泛应用于精密机械、材料加工、生物医学及光电子等领域，是目前国内外最先进的、最常用的表面喷涂方法。然而，等离子喷涂涂层因为各种缺陷而严重阻碍了高硬度陶瓷喷涂材料优异性能的发挥。将等离子喷涂和激光重熔结合使用的方法能消除上述等离子喷涂涂层的缺陷，制备出组织致密且具有所需性能的表面强化涂层，从而延长零部件的使用寿命。

目前，将铁、镍、钴合金粉末作为固溶体，并添加 WC、SiC、TiC、Al_2O_3 等硬质陶瓷相来制备金属陶瓷涂层的方法已经成为国内外研究的热点。杨元正等以碳素钢为基材，并在其表层制备了等离子激光重熔 Al_2O_3 和 $Al_2O_3 + 13$wt. % TiO_2 复合陶瓷涂层，通过试验研究发现，等离子喷涂涂层的组织结构得到了优化，显微硬度得到了提升，尽管涂层中残留有少量的裂纹。刘胜林等在不锈钢表面制备了等离子激光熔覆 Ni 基复合涂层。研究发现，WC 颗粒发生了分解并重新生成了均匀分布在涂层中的碳化物，该碳化物起到了强化涂层结果的作用。因此，采用等离子激光重熔复合工艺来改善金属基陶瓷涂层的耐磨性能具有一定的学术和实际使用价值。但激光重熔过程中，金属合金和陶瓷粉末的热物性参数存在较大差异，使涂层受热不均匀，容易产生内应力集中等问题，阻碍了涂层耐磨性能的提升。

所以，如何利用合理的工艺参数制备出耐磨性能优异、组织致密及无微观裂纹的涂层仍需要进行深入的探究。

9.2 涂层的制备及磨损试验方法

激光重熔试验的工艺参数采用第 8 章正交优化后的结果，具体为：激光功率 650W、扫描速度 250mm/min、光斑直径 4mm、搭接率 30%、脉宽 4.4ms，扫描轨迹为圆形，保护气体为氩气。重复做 3 次磨损试验，最终的磨损失重为 3 次试验数据的平均值。磨损试验的过程参数如表 9-1 所示。

表 9-1　摩擦磨损试验参数

载荷/N	转速/r·min^{-1}	时间/min	试验温度/℃
100	160	60	25（室温）、200、400

9.3　激光重熔对等离子喷涂 WC/Fe 涂层的磨损形貌的影响

图 9-1 为室温（25℃）条件下等离子喷涂涂层和等离子激光重熔涂层的表面磨损形貌。图 9-1(a) 中的等离子喷涂涂层呈现出因大量条块状涂层材料脱落而形成的粗糙亚表层，并且不均匀地分布着锥刺和划痕，可以判断其磨损机理为剧烈的黏着磨损。等离子喷涂涂层是由颗粒层层堆积而形成的，其致密度低，内聚强度低，在摩擦过程中受负荷作用的微凸起发生弹性或弹塑性变形；同时，一些尺寸较大的粒子聚合物受剪切应力和压应力作用而脱离涂层。图 9-1(b) 为等离子激光重熔涂层的表面磨损形貌。对比图 9-1(a) 可以发现，磨损表面没有大块的材料脱落，无剥落坑，磨损表面较光滑，仅仅产生了因微量塑性变形而导致的微划痕。这是因为等离子喷涂涂层在激光的照射作用下熔池内生成了 $M_{23}C_6$ 型化合物、$(Ni,Cr,Fe)_7C_3$ 及 $(Cr,Ni)_3Si$ 等硬质相起到了弥散强化的作用，提高了涂层的显微硬度值，进而增强了涂层的耐磨性。

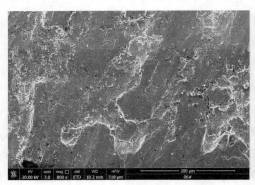

(a) 等离子喷涂涂层(室温)　　　　　　　　(b) 激光重熔层(室温)

图 9-1　室温（25℃）条件下等离子喷涂涂层及其激光重熔涂层的表面磨损形貌

9.4　激光重熔对等离子喷涂 WC/Fe 涂层的摩擦系数的影响

图 9-2 为等离子喷涂涂层及其激光重熔涂层的摩擦系数变化曲线图。由图可见，等离子喷涂涂层的摩擦系数波动范围较大，这是因为等离子喷涂涂层内部是喷涂粉末堆积而成的片层状结构，内聚强度较低，磨损过程中涂层材料所受的交变载荷使磨损过程变得极其不稳定。等离子激光重熔涂层的摩擦系数的变化较为平缓，便显出了优异的耐磨性能，因为激光重熔的过程中生成的硬质强化相，如

$M_{23}C_6$ 型化合物、$(Ni,Cr,Fe)_7C_3$ 及 $(Cr,Ni)_3Si$ 等起到了弥散强化的作用，其高硬度、高强度的性能得以充分发挥，阻止了磨损过程中激光重熔涂层磨损的进一步恶化。

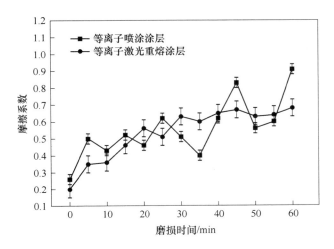

图 9-2　等离子喷涂涂层及其激光重熔涂层的摩擦系数变化曲线图

9.5　激光重熔对等离子喷涂 WC/Fe 涂层的磨损的影响

图 9-3 为等离子喷涂涂层在激光重熔前后磨损失重的变化。由图可见，等离子喷涂涂层的磨损失重约是等离子激光重熔涂层的 3 倍，说明激光重熔起到了强化喷涂涂层的作用。激光重熔使等离子喷涂涂层中的未完全熔化的陶瓷颗粒再次熔化和重结晶，晶粒得到了细化，晶格间的缝隙减小，得到了致密的组织，内聚

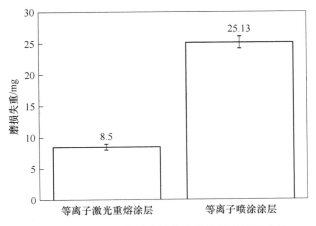

图 9-3　等离子喷涂层及激光重熔涂层的磨损失重

强度增大。同时，涂层中生成的各种 $M_{23}C_6$ 型碳化物及 $(Cr,Ni)_3Si$ 等增加了涂层的疲劳强度，防止了材料的脱落和转移。

9.6　不同温度下重熔涂层的耐磨特性和磨损机制分析

图 9-4 为在不同温度下等离子激光重熔涂层的磨损表面形貌。室温下等离子激光重熔涂层的磨损形貌已经在 9.3 节介绍。由图 9-4(b)可以看到，激光重熔涂层在 200℃下的磨损表面有擦伤和沟纹，并且分布着转移的材料和脱落坑，可以判断其磨损机理是磨料磨损 + 黏着磨损。由图 9-4(c)可以看到，激光重熔涂层在 400℃下的磨损表面有疲劳裂纹出现，其磨损机理是疲劳磨损。

(a) 室温

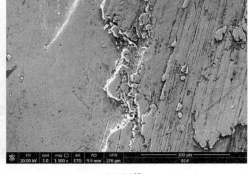
(b) 200℃

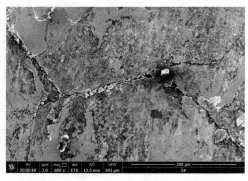
(c) 400℃

图 9-4　不同温度下激光重熔涂层的磨损形貌

磨损疲劳裂纹的产生是一个复杂的过程，一般认为是陶瓷材料脆性大而对循环应力敏感所致。微裂纹主要是由涂层受热不均匀和热应力集中引起的，激光重熔涂层中的热应力可以用以下公式表达：

$$\sigma_{th} = \frac{E \cdot \Delta a \cdot \Delta T}{1 - \nu} \tag{9-1}$$

式中，E 为材料的杨氏模量；Δa 为涂层与基体的热膨胀系数之差；ΔT 为涂层温度与室温的差值；ν 为泊松比。

涂层磨损时，E、ν 不变，Δa 和 ΔT 的值都较大，由式（9-1）知，σ_{th} 变大，加上摩擦生热使涂层单位面积相同时间内吸收更多的热量，ΔT 不断增大，导致涂层在磨损时产生裂纹。此外，σ_{th} 的大小与 Δa 密切相关，涂层中的 $M_{23}C_6$ 型化合物、$(Ni, Cr, Fe)_7C_3$、$(Cr, Ni)_3Si$ 及残留的 WC 的热膨胀系数都较基体 45 钢的小，则在激光束照射时则导致 Δa 增大，σ_{th} 随之增大。

图 9-5 为等离子喷涂涂层和不同温度下激光重熔涂层的磨损率。由图可见，激光重熔涂层在几种不同温度下的磨损失重均比等离子喷涂涂层的低。不同温度下的激光重熔涂层的磨损率各不相同，其中 25℃ 时的激光重熔涂层的磨损率最低。值得注意的是，激光重熔涂层在 200℃ 时的磨损率比 400℃ 时的高。结合涂层的磨损形貌可知，因为激光重熔涂层在 200℃ 时为磨料磨损 + 黏着磨损，磨损表面有大量的沟纹和脱落坑，造成涂层材料的损失较大；而激光重熔涂层在 200℃ 时为疲劳磨损，仅仅是表面产生了裂纹和少量沟纹，涂层材料损失较少。可以判断，激光重熔涂层在常温 25℃ 时具有最优异的耐磨性能。

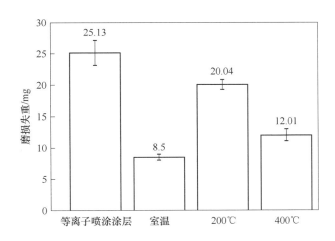

图 9-5　等离子喷涂涂层及不同温度下激光重熔层的磨损失重

9.7　本章小结

本章重点探讨了在正交优化后，相比于等离子喷涂涂层，其激光重熔涂层质量和性能的改善机制。得到的研究结果可以总结如下：

（1）等离子喷涂涂层在激光重熔过程中生成了如 $M_{23}C_6$ 型化合物、

（Ni,Cr,Fe)$_7$C$_3$ 及（Cr,Ni)$_3$Si 等起到了弥散强化作用的强化相，阻止了磨损过程中激光重熔涂层磨损的进一步恶化。

（2）等离子重熔涂层在室温（25℃）环境下的磨损表面仅存在少量的微小划痕，在 200℃ 环境下的磨损表面有擦伤、沟纹及剥落坑，其磨损机理是磨料磨损＋黏着磨损，在 400℃ 环境下的磨损表面有疲劳裂纹出现，其磨损机理是疲劳磨损。

参 考 文 献

［1］ Song Y S，Lee I G，Lee D Y，et al. High-temperature properties of plasma-sprayed coatings of YSZ/NiCrAlY on Inconel substrate ［J］. Materials Science & Engineering A，2002，332（1 – 2）：129 – 133.

［2］ Nishinoiri S，Enoki M，Tomita K. In situ monitoring of microfracture during plasma spray coating by laser AE technique ［J］. Science and Technology of Advanced Materials，2003，4（6）：623 – 631.

［3］ Vincent S，Bot C L，Sarret F，et al. Penalty and Eulerian-Lagrangian VOF methods for impact and solidification of metal droplets plasma spray process ［J］. Computers & Fluids，2015，113：32 – 41.

［4］ Xie G，Lin X，Wang K，et al. Corrosion characteristics of plasma-sprayed Ni-coated WC coatings comparison with different post-treatment ［J］. Corrosion Science，2007，49（2）：662 – 671.

［5］ Yu J，Wang Y，Zhou F，et al. Laser remelting of plasma-sprayed nanostructured Al_2O_3-20wt. % ZrO_2 coatings onto 316L stainless steel ［J］. Applied Surface Science，2017：431.

［6］ Li C G，Yu Z S，Zhang Y F，et al. Microstructure evolution of laser remelted Al_2O_3-13wt. % TiO_2 coatings ［J］. Journal of Alloys & Compounds，2013，576（21）：187 – 194.

［7］ 钱建刚，张家祥，李淑青，等. 镁合金表面等离子喷涂 Al 涂层及激光重熔研究 ［J］. 稀有金属材料与工程，2012，41（2）：360 – 363.

［8］ Li Chonggui，Wang You，Wang Shi，et al. Laser surface remelting of plasma-sprayed nanostructured Al_2O_3 – 13wt. % TiO_2 coatings on magnesium alloy ［J］. Journal of Alloys and Compounds，2010，503（1）：127 – 132.

［9］ Ma Q，Li Y，Wang J，et al. Homogenization of carbides in Ni60/WC composite coatings made by fiber laser remelting ［J］. Materials & Manufacturing Processes，2015，30（12）：1417 – 1427.

［10］ Iwaszko J. Surface remelting treatment of plasma-sprayed Al_2O_3 + 13wt. % TiO_2，coatings ［J］. Surface & Coatings Technology，2006，201（6）：3443 – 3451.

［11］ Wang D S. Preparation and characterization of plasma-sprayed and laser-remelted Ni60/Ni-WC coatings ［J］. Applied Mechanics & Materials，2014，540：17 – 20.

［12］ Sure J，Shankar A R，Mudali U K. Surface modification of plasma sprayed Al_2O_3-40wt. % TiO_2 coatings by pulsed Nd：YAG laser melting ［J］. Optics & Laser Technology，2013，48（6）：366 – 374.

［13］ Peligrad A A，Zhou E，Morton D，et al. A melt depth prediction model for quality control of laser surface glazing of inhomogeneous materials ［J］. Optics & Laser Technology，2001，33（1）：7 – 13.

［14］ 田宗军，王东生，黄因慧，等. 45#钢表面激光重熔温度场数值模拟 ［J］. 材料热处理学报，2008（6）：173 – 178.

[15] 王东生, 田宗军, 沈理达, 等. TiAl 合金表面多道搭接激光重熔温度场数值模拟 [J]. 应用激光, 2008, 28 (6): 441 – 446.

[16] Vasantgadkar N A, Bhandarkar U V, Joshi S S. A finite element model to predict the ablation depth in pulsed laser ablation [J]. Thin Solid Films, 2010, 519 (4): 1421 – 1430.

[17] Ge Y, Wang W, Wang X, et al. Study on laser surface remelting of plasma-sprayed Al-Si/1wt. % nano-Si_3N_4 coating on AZ31B magnesium alloy [J]. Applied Surface Science, 2013, 273 (2): 122 – 127.

[18] Liu J, Wang Y, Costil S, et al. Numerical and experimental analysis of molten pool dimensions and residual stresses of NiCrBSi coating treated by laser post-remelting [J]. Surface & Coatings Technology, 2017, 318: 341 – 348.

[19] Gao X S, Tian Z J, Liu Z D, et al. Interface characteristics of Al_2O_3-13% TiO_2 ceramic coatings prepared by laser cladding [J]. Transactions of Nonferrous Metals Society of China, 2012, 22 (10): 2498 – 2503.

[20] 刘明, 王海军, 姜祎, 等. 响应曲面法优化超音速等离子喷涂 Al_2O_3-40% TiO_2 涂层工艺 [J]. 材料科学与工艺, 2014 (2): 11 – 16.

[21] 毛杰, 邓畅光, 邓春明, 等. 基于孔隙率的 Cr_2O_3 涂层工艺优化及回归分析 [J]. 中国表面工程, 2013, 26 (4): 38 – 43.

[22] Wang Y, Li C G, Tian W, et al. Laser surface remelting of plasma sprayed nanostructured Al_2O_3-13wt. % TiO_2 coatings on titanium alloy [J]. Applied Surface Science, 2009, 255: 8603 – 8610.

[23] Jiri Matejcek, Petr Holub. Laser remelting of plasma-sprayed tungsten coatings [J]. Journal of Thermal Spray Technology, 2014, 23 (4): 750 – 756.

[24] 花国然, 罗新华, 黄因慧, 等. 以纳米 SiC 为填料的激光重熔等离子喷涂陶瓷涂层组织及耐腐蚀性能的研究 [J]. 应用激光, 2004, 24 (4): 203 – 206.

[25] Das P, Paul S, Bandyopadhyay P P. HVOF sprayed diamond reinforced nano-structured bronze coatings, Journal of Alloys and Compounds [J]. Journal of Alloys and Compounds, 2018 (2): 307.

[26] Wang Y, Bai Y, Liu K, et al. Microstructural evolution of plasma sprayed submicron-/nano-zirconia-based thermal barrier coatings [J]. Applied Surface Science, 2016, 363: 101 – 112.

[27] Yan Hua, Zhang Peilei, Gao Qiushi, et al. Laser cladding Ni-based alloy/nano-Ni encapsulated h-BN self-lubricating composite coatings [J]. Surface and Coatings Technology, 2017, 332: 422 – 427.

[28] Li Meiyan, Han Bin, Wang Yong, et al. Investigation on laser cladding high-hardness nano-ceramic coating assisted by ultrasonic vibration processing [J]. Optik-International Journal for Light and Electron Optics, 2016, 127 (11): 4596 – 4600.

[29] 田宗军, 王东生, 沈理达, 等. TiAl 合金表面激光重熔纳米陶瓷涂层 [J]. 材料热处理学报, 2010, 32 (2): 128 – 132.

［30］ Zhou Yong, Xiong Jinping, Yan Fuan. The preparation and characterization of a nano-CeO$_2$/ phosphate composite coating on magnesium alloy AZ91D［J］. Surface and Coatings Technology, 2017, 328: 335 – 343.

［31］ 孙琳, 位超群, 隋欣梦, 等. SiC 颗粒尺寸对 TiNi 基熔覆层组织与性能的影响［J］. 中国激光, 2018, 45（5）: 54 – 60.

［32］ 沈清, 王宏宇, 陈康敏, 等. 纳米氧化铈对 TC11 表面 MCrAlY 熔覆涂层组织和硬度的影响［J］. 稀有金属, 2014, 38（1）: 35 – 41.

［33］ Ajay K K, Jayashree B, Prashantha K. Investigations on influence of nano and micron sized particles of SiC on performance properties of PEEK coatings［J］. Surface & Coatings Technology, 2018, 334: 124 – 133.

［34］ Ma Fuliang, Li Jinlong, Zeng Zhixiang, et al. Structural, mechanical and tribocorrosion behavior in artificial seawater of CrN/AlN nano-multilayer coatings on F690 steel substrates［J］. Applied Surface Science, 2018, 428: 404 – 414.

［35］ Krawiec H, Vignal V, Latkiewicz M, et al. Structure and corrosion behaviour of electrodeposited Co-Mo/TiO$_2$ nano-composite coatings［J］. Applied Surface Science, 2018, 427: 1124 – 1134.

［36］ Chen Luanxia, Liu Zhanqiang, Shen Qi. Enhancing tribological performance by anodizing micro-textured surfaces with nano-MoS$_2$ coatings prepared on aluminum-silicon alloys［J］. Tribology International, 2018, 122: 84 – 95.

［37］ Incerti L, Rota A, Valeri S, et al. Nanostructured self-lubricating CrN-Ag films deposited by PVD arc discharge and magnetron sputtering［J］. Vacuum, 2011, 85（12）: 1108 – 1113.

［38］ Cao G P, Konishi H, Li X C. Mechanical properties and microstructure of Mg/SiC nanocomposites fabricated by ultrasonic cavitation based nanomanufacturing［J］. J. Manuf. Sci. Eng., 2008, A（130）: 1 – 6.

［39］ 王国承, 王铁明, 尚德礼. 超细第二相粒子强化钢铁材料的研究进展［J］. 钢铁研究学报, 2007（4）: 5 – 8.

［40］ 王东生, 田宗军, 沈理达, 等. TiAl 合金表面激光重熔复合陶瓷涂层温度场数值模拟及组织分析［J］. 中国激光, 2009, 36（1）: 224 – 230.

［41］ Zhang Z, Suo H L, Chai J, et al. Plasma spray of Ti$_2$AlC MAX phase powders: Effects of process parameters on coatings' properties［J］. Surface & Coatings Technology, 2017, 325: 429 – 436.

［42］ WanYou g, Li Chonggui, Guo Lixin, et al. Laser remelting of plasma sprayed nanostructured Al$_2$O$_3$-TiO$_2$ coatings at different laser power［J］. Surface & Coatings Technology, 2010, 204（21 – 22）: 3559 – 3566.

［43］ Jia Weiping, Yao Jinglong, Wu Menghua, et al. Effect of laser remelting parameters on properties of nickel-based nano TiN composite deposition coatings［J］. Surface Technology, 2016, 45（3）: 78 – 83.

［44］ 王东生, 田宗军, 王松林, 等. 激光重熔等离子喷涂 WC 颗粒增强镍基涂层组织及高温

磨损性能 [J]. 焊接学报, 2012, 33 (11): 13 – 16.

[45] 尹斌, 周惠娣, 徐海燕, 等. 激光重熔对 NiCrBSi 等离子喷涂层显微结构和性能的影响 [J]. 材料保护, 2011, 44 (3): 71 – 73.

[46] 张燕军, 张超, 邓思豪, 等. 热喷涂轨迹对涂层结构及性能影响的研究进展 [J]. 材料导报, 2016, 30 (23): 44 – 49.

[47] 郭纯, 陈建敏, 周健松, 等. Ti-6Al-4V 激光重熔结构及摩擦学性能 [J]. 中国表面工程, 2011, 24 (3): 11 – 16.

[48] Mateos J, Cuetos J M, Vijande R, et al. Tribological properties of plasma sprayed and laser remelted 75/25 Cr₃C₂/NiCr coatings [J]. Tribology International, 2001, 34 (5): 345 – 351.

[49] 熊瑞. Fe-Cr-C 堆焊合金层耐磨性试验分析 [D]. 太原: 太原理工大学, 2013.

[50] 殷傲宇. 超音速火焰喷涂金属陶瓷涂层的抗磨损和耐腐蚀性能研究 [D]. 长沙: 中南大学, 2012.

[51] 吴萍, 姜恩永, 赵慈, 等. 激光参数对 Ni 基熔覆层结构及耐磨性的影响 [J]. 焊接学报, 2003, 24 (2): 44 – 46.

[52] 葛亚琼, 王文先. 不同激光功率下镁合金表面激光熔覆 Ni60 合金涂层的显微组织和磨损性能 [J]. 中国表面工程, 2012, 25 (1): 45 – 50.

[53] 成诚, 赵剑峰, 田宗军, 等. 激光功率对激光熔覆 Ni 包 WC 涂层组织与性能的影响 [J]. 南京航空航天大学学报, 2016, 48 (6): 890 – 894.

[54] García A, Cadenas M, Fernández M R, et al. Tribological effects of the geometrical properties of plasma spray coatings partially melted by laser [J]. Wear, 2013, 305 (1 – 2): 1 – 7.

[55] 熊伟, 王永欣, 李金龙, 等. 等离子喷涂 Ni 基涂层摩擦学性能研究 [J]. 润滑与密封, 2016, 41 (4): 18 – 23.

[56] 刘秀波, 王华明. TiAl 合金激光熔覆复合材料涂层耐磨性研究 [J]. 材料热处理学报, 2006, 27 (1): 87 – 91.

[57] Yang Yuanzheng, Zhu Youlan, Liu Zhengyi, et al. Laser remelting of plasma sprayed Al₂O₃ ceramic coatings and subsequent wear resistance [J]. Materials Science and Engineering A, 2000, 291 (1/2): 168 – 172.

[58] 姚舜晖, 苏演良, 高文显, 等. 纳米碳化钨增强镍基合金热喷涂涂层的摩擦磨损性能研究 [J]. 摩擦学学报, 2008, 28 (1): 33 – 38.

[59] 颜永根, 斯松华, 张晖, 等. 激光熔覆 Co + Ni/WC 复合涂层的组织和磨损性能 [J]. 焊接学报, 2007, 28 (7): 21 – 24.

[60] Li S, Li Q. Microstructure and tribological performances of 25NiCr-Cr₃C₂ coatings prepared by laser-hybrid plasma spraying technology [J]. Rare Metal Materials and Engineering, 2011 (s4): 194 – 198.

[61] 纪岗昌, 李长久, 王豫跃, 等. 喷涂工艺条件对超音速火焰喷涂 Cr₃C₂-NiCr 涂层冲蚀磨损性能的影响 [J]. 摩擦学学报, 2002, 22 (6): 424 – 429.

[62] 曹玉霞, 杜令忠, 张伟刚, 等. 等离子喷涂 NiCoCrAlY/Al₂O₃ 涂层的制备及摩擦性能研

究 [J]. 表面技术, 2015 (5): 62 – 66.

[63] Mateos J, Cuetos J M, Fernández E, et al. Tribological behaviour of plasma-sprayed WC coatings with and without laser remelting [J]. Wear, 2000, 239 (2): 274 – 281.

[64] Mateos J, Cuetos J M, Vijande R, et al. Tribological properties of plasma sprayed and laser remelted 75/25 Cr_3C_2/NiCr coatings [J]. Tribology International, 2001, 34 (5): 345 – 351.